农业标准化生产技术丛书

双低油菜标准化生产技术

SHUANGDI YOUCAI BIAOZHUNHUA SHENGCHAN JISHU

●浙江省农业技术推广中心　组编

浙江科学技术出版社

图书在版编目(CIP)数据

双低油菜标准化生产技术 / 王月星主编.—杭州：浙江科学技术出版社，2008.2

（农业标准化生产技术丛书 / 浙江省农业技术推广中心组编）

ISBN 978-7-5341-3254-4

Ⅰ.双… Ⅱ.王… Ⅲ.油菜—蔬菜园艺—标准化 Ⅳ.S634.3

中国版本图书馆 CIP 数据核字（2008）第 012553 号

丛 书 名 农业标准化生产技术丛书
书　　名 **双低油菜标准化生产技术**
组　　编 浙江省农业技术推广中心

出版发行 浙江科学技术出版社
杭州市体育场路 347 号 邮政编码：310006
联系电话：0571-85170300-61711
E-mail：zt@zkpress.com
排　　版 杭州兴邦电子印务有限公司
印　　刷 北京永顺兴旺印刷厂
经　　销 全国各地新华书店

开　　本 880×1230 1/32　印　张 2.875
字　　数 93 000
版　　次 2008 年 2 月第 1 版　2012 年 7 月第 10 次印刷
书　　号 ISBN 978-7-5341-3254-4　定　价 5.00 元

丛书组稿 章建林　**责任编辑** 章建林　张　特
责任校对 顾　均　**封面设计** 金　晖
责任印务 李　静

《双低油菜标准化生产技术》编写人员

主　　编　王月星

副 主 编　俞琦英　张尧锋

编写人员　(按姓氏笔画为序)

王月星　孙光兴　朱建方　李　育
吴美娟　张尧锋　俞琦英　姚全甫
耿玉华　高松林　黄洪明　蔡治平
潘建清

序

经过改革开放近30年的发展，特别是近几年建设高效生态农业，浙江省农业综合生产能力大为提高，生产经营方式发生了重大转变，目前正处于由传统农业向现代农业迈进的重要发展阶段。与此同时，浙江省的农业标准化工作也取得了重要进展，标准化意识不断增强，标准化体系不断完善，标准化生产广泛推行，促进了农业整体水平的提升。但是也必须清醒地看到，由于浙江省农业标准化起步较迟，农业生产规模小、农民组织化程度低及文化素质不高，农业标准化尚处在逐步发展阶段，存在着认识不到位、技术不配套、组织不适应、覆盖面不广等问题，迫切需要尽快解决。

农业标准化是农业现代化的基本标志和主要内容。实施农业标准化，是保障农业安全生产、提高农产品质量水平的基础环节，是培育农业品牌、增强市场竞争力的有力举措，是提升产业层次、建设现代农业的必由之路。我们要从全局和战略的高度，充分认识推进农业标准化的重要性，把它与推进中国特色农业现代化建设结合起来，与落实浙江省委、省政府"创新强省、创业富民"要求结合起来，加快农业标准化建设步伐，切实提高工作水平。要按照政府大力推动、市场有效引导、龙头企业带动、农民积极实施的路子，加快构筑科学、统一、权威的农业标准化体系，努力使生产经营每个环节都有标准可依、有规范可循，不断提高农业标准的科学性、先进性、适用性。要大力推广标准化生产，广泛普及标准化知识，积极开展标准化示范区建设。要把推进农业标准化与实施责任农技制度、推广农业技术结合起来，与发展农业产业化结合起来，与保护和培育名牌农产品结合起来，不断提高农业标准化水平，促进农业发展迈上新的台阶。

为帮助广大农技人员和农民群众学习标准化知识，掌握标准化技术，浙江省农业厅组织相关农业专家，围绕浙江省主导产业发展及粮食安全，编写了这套《农业标准化生产技术丛书》，内容包括水稻、双低油菜、蔬菜、西瓜、甜瓜、食用菌、茶叶、蚕桑、柑橘、杨梅、桃、梨、生猪、鸡、鸭、蜂等十多个方面。本套丛书以各产业相关“标准”为蓝本，针对生产实际和农民需要，将优新品种、适用技术等成果寓于标准化之中，突出技术操作规程，突出新品种、新技术的集成配套，力求使复杂“标准”简单“操作”，使标准化知识通俗化、生产规程化、技术模式化，使农民群众看得懂、学得会、用得上。相信通过这套丛书的出版发行，将对浙江省加快实施农业标准化，发展高效生态农业，起到积极的推动作用。

浙江省副省长 茅临生

2007年12月

前言

油菜是浙江省的重要油料作物。自古以来，浙江农民就有冬季种植油菜的传统，城乡居民也喜欢食用菜子油。浙江省曾是油菜生产大省，1978 年油菜子产量在全国排名第 2 位，近几年由于受国外油脂产品的冲击和油菜种植比较效益下降的影响，油菜种植面积有所下降，但依然保持在全国前 10 位。随着人们生活水平的提高，浙江省油菜生产量远远不能满足需求，食用油缺口较大，每年需求量在 36 万吨左右，而自给率仅为 45%，食用油对外依存度高。油菜一直是浙江省的重要作物，与粮食生产一起被确定为战略性产业，同时浙江省也被列入全国双低油菜优势区域。大力发展油菜生产，是浙江省大力开发冬季农业、减少冬闲田、实现“绿色过冬”的重要举措，也是实行用地与养地相结合，培肥耕地地力的有效途径，对保障全省人民食用油供给、增加农民收入具有重要意义。

近年来，随着科技的日益发展和农业科技人员的不懈努力，油菜生产已逐渐转变到发展优质双低油菜的轨道上来，油菜这个古老的作物也被赋予了新的内涵。双低油菜具有较高的经济价值，除油菜子可榨油外，菜薹还可作蔬菜食用，菜叶和菜饼作饲用，茎秆作食用菌培养料，油菜子可加工成生物柴油等。为加快浙江省双低油菜生产发展步伐，我们组织了从事油菜科研、技术推广的有关专家共同编写了《双低油菜标准化生产技术》一书。

本书内容包括 5 个部分，第一部分为双低油菜生产概述；第二部分为双低油菜的生产环境与高产途径；第三部分为双低油菜品种的选择与利用;第四部分为双低油菜生产技术;第五部分为杂交双低油菜制种技术。本书重点介绍了双低油菜的品种和实用生产技术，内容通俗易懂,实用性强,适合农业院校师生、基层农技人员阅读和参考,也可作为农民培训读本。

限于编者水平,书中肯定存在疏漏和不当之处,敬请广大读者批评指正,以便今后修订、完善。

编　者

2008年2月

目 录 *Mulu*

一、双低油菜生产概述

（一）双低油菜的概念与优点

1. 双低油菜的概念

双低油菜是指菜油中芥酸含量低于3%，菜子饼粕中硫代葡萄糖苷(以下简称为"硫苷")含量低于35微摩尔/克的油菜品种。

2. 双低油菜的优点

在20世纪50年代以前，油菜生产主要追求产量高、含油量高。20世纪60年代以后，随着科学技术的进展、生活水平的提高和居民营养保健意识的增强，对于油菜生产在产量、含油量的基础上又提出了营养品质、饲用品质和加工品质的新要求，以除去或降低菜子油和菜子饼粕中的有害物质，提高其营养价值，充分发挥油菜的食用、饲用和副产品加工利用的经济效益。

(1) 发展双低油菜有利于增加优质食用油的供给。根据国内外研究结果显示，国内外栽培的甘蓝型、芥菜型、白菜型的普通油菜品种，其菜子油中的芥酸含量高达40%～50%(见表1)。芥酸是一种由22个碳链组成的高碳长链脂肪酸，不易挥发，一般高温加工处理不易除去，人食后也不易消化吸收，对人体基本上没有营养价值。芥酸的凝固点高，在气温4℃时即行硬化，故冬季低温时常易冷凝成固态，也不利于加工制作糕点和人造奶制品。

表1　我国三大类型普通油菜品种的脂肪酸组成和含量

（资料来源：中国农业科学院油料作物研究所）

类　型	棕榈酸(%)	油酸(%)	亚油酸(%)	亚麻酸(%)	二十碳烯酸(%)	芥酸(%)
甘蓝型	2.92	14.56	12.94	9.00	9.42	51.15
白菜型	2.06	16.41	13.51	8.25	9.24	50.33
芥菜型	3.01	13.41	18.42	13.32	9.48	41.58

菜子油中含有的脂肪酸多达十余种，其中含量较高的有棕榈酸、油酸、亚油酸、亚麻酸、二十碳烯酸、芥酸等6种脂肪酸。油酸和亚油酸是植物油中两种优良的不饱和脂肪酸，长期食用油酸和亚油酸含量高的植物油，能降低心血管疾病的发病率。这是因为低密度脂蛋白能促进胆固醇在动脉血管中的积累，而高密度脂蛋白能帮助去除动脉血管中积累的胆固醇，油酸和亚油酸都有降低血液中低密度脂蛋白含量的功能，对降低人体内血清胆固醇、甘油三脂，以及软化血管、阻止血栓形成起着重要作用。

双低油菜品种通过品质育种，使芥酸含量在脂肪酸组成中降低到1%以下，从而提高了油酸、亚油酸在脂肪酸组成中的比例，油酸、亚油酸含量达到80%以上。双低油菜子压榨的菜子油，脂肪酸组成得到优化，其营养价值可与国际上公认的优质植物油——橄榄油相媲美(见表2)。

表2　各种食用油的脂肪酸组成

（资料来源：加拿大 Pos Pilot Plant Corporation，Saskatoon，1994）

食用油类型	饱和脂肪酸(%)	油酸(%)	亚油酸(%)	亚麻酸(%)	芥酸(%)
普通油菜油	7	17～20	13～15	10～11	40～50
双低油菜油	7	61	21	10	1
橄榄油	15	75	9	1	0

为进一步优化双低油菜的脂肪酸组成，加拿大等国提出，双低油菜品质改良的主要目标为以下三方面：一是进一步降低不易消化吸收的

饱和脂肪酸含量,要求降低到4%以下;二是进一步提高油酸含量,要求提高到80%左右;三是降低亚麻酸含量,要求降低到3%~4%。因为亚麻酸是一种氧化率很高的不饱和脂肪酸,亚麻酸高的食用油易氧化,产生恶臭和酸败变质,不耐贮藏。

(2) 发展双低油菜有利于增加优质高蛋白菜饼的供给。目前国内外种植的普通油菜,饼粕中硫苷含量高达100~150微摩尔/克。硫苷本身无毒,但它是产生毒素的前体,当湿度和温度适宜时,在菜饼中存在的芥子酶的催化下,分解为异硫氰酸盐、恶唑烷硫酮、腈和硫代氰酸盐等毒性很强的产物,并产生刺激性气体,降低了菜饼的饲用价值。如用硫苷含量高的菜饼作饲料,会对畜禽产生毒害,严重时导致死亡。所以,现有的普通油菜菜饼只能作肥料而不能作饲料,从而造成了高蛋白菜饼的长期浪费。

双低油菜菜饼中硫苷的含量在35微摩尔/克以下,故菜饼可用作饲料综合利用。双低油菜菜饼的蛋白质含量高达38%~40%,且氨基酸组成合理,与大豆饼相近,赖氨酸、蛋氨酸等的含量与大豆饼相当,并优于大麦(见表3)。双低油菜菜饼直接用于畜禽养殖或用作加工配合饲料的蛋白质原料,可缓解浙江省植物蛋白紧缺的矛盾,减少从国外进口大豆饼的量。

表3 双低油菜菜饼与主要饲料氨基酸含量的比较

(资料来源:浙江省农业科学院)

氨基酸名称	双低油菜菜饼(%)	大豆饼(%)	鱼粉(%)	大麦(%)
赖氨酸	5.3	6.4	8.3	3.6
蛋氨酸	1.9	1.5	2.8	1.5
胱氨酸	2.2	1.5	1.1	2.0
苏氨酸	4.4	4.0	4.3	3.5
色氨酸	1.3	3.0	0.9	1.3

（二）双低油菜发展情况

1964 年，加拿大培育出了世界上第一个单低油菜品种奥罗(Oro)，1974 年又培育出世界上第一个双低油菜品种托尔(Tower)。这些品种的育成与 20 世纪 50 年代末低芥酸种质资源里霍(Liho)的发现，20 世纪 60 年代末低硫苷种质资源勃洛诺夫斯基(Bronowski)的发现，以及芥酸和硫苷遗传规律研究的进展和分析方法的改进是分不开的。20 世纪 60 年代起，加拿大、法国、德国、波兰、瑞典、澳大利亚等国相继育出一批双低油菜品种，并大面积种植，目前都已实现油菜“双低化”。

自 20 世纪 70 年代中期开始，我国陆续引进国外的双低油菜品种，但由于生产条件的差异，这些品种在我国长江流域没有直接利用价值；但以引进的双低油菜作父本与我国丰产、抗病的油菜品种进行杂交，杂种二代可分离出低芥酸或双低单株，这些单株所形成的株系一般丰产性、抗性较差。控制芥酸的基因、控制硫苷的基因与控制产量性状的基因之间没有连锁关系，因此，我国油菜科研单位利用国内丰产抗病的油菜品种作轮回亲本，与双低单株连续回交和选择，逐步选育出适合我国种植的双低油菜新品种。“六五”、“七五”、“八五”计划期间，单、双低油菜新品种选育被列入国家重点科技攻关项目。江苏淮阴农业科学研究所于 1979 年选育出我国第一个低芥酸油菜新品系 264；河南省农业科学院经济作物研究所等单位选育的豫油 1 号，于 1986 年通过品种审定，成为我国第一个通过审定的甘蓝型双低油菜品种。1985～1989 年，有 6 个双低油菜新品种通过了国家或省级审定；1990～1994 年，有 20 个双低油菜新品种通过了国家或省级审定；1995～1999 年，有 47 个双低油菜新品种通过了国家或省级审定；2000 年，有 17 个双低油菜新品种通过了国家或省级审定。“十五”计划时期，我国培育出以中双 9 号、浙双 72 为代表的一批双低油菜新品种，该批新品种综合性状突出，品质、产量和抗性均达到国际先进水平。国家“十五”科技攻关课题“双低油菜优质高效生产技术研究与示范”项目培育出了一大批具有国内外先进水平的双低油菜新品种；其中共有 18 个优质油菜新品种通过了国家或省级审定,其品质、产量和抗性均达到国际先进水平,抗菌核病育种一直居于国际领先地位;新品种的成果转化率达到100%,品种覆盖到我国黄河以南的10个省份,97个县(市),年推广应用面积达到3000万亩以上,占全国油菜种植面积的1/3以上。

我国单、双油菜品种的推广应用工作起步虽晚，但发展的速度较快。1976年青海省在国内率先安排生产性试种，面积达120多亩;1977年面积扩大10倍，达到1200多亩。1978年青海省开始有计划地推广，同时内蒙古自治区、黑龙江省开始生产性试种,当年面积近万亩,1979年达2万多亩。1980年我国北方春油菜产区进一步扩大，发展到甘肃、新疆等省、自治区,面积超过5万亩,1981年发展到16万亩。1982年我国长江流域冬油菜产区开始对本地选育的低芥酸品系进行生产性试种示范,全国单、双油菜种植面积超过20万亩。1985年,全国种植面积达到120多万亩，其中冬油菜60万亩。1989年全国种植面积超过500万亩。2001年，全国双低油菜种植面积为7100万亩，占油菜总面积的62%。2005年全国双低油菜种植面积为8200万亩，占油菜总面积的75%。浙江省2001年双低油菜种植面积为234.5万亩,占油菜总面积的53.6%;2006年达280万亩,占油菜总面积的88%。

(三)双低油菜的综合利用与发展前景

1. 双低油菜的综合利用

双低油菜全身是宝,菜叶可喂猪、喂蜗牛,菜薹可作蔬菜食用,油菜子可加工成低芥酸菜油,油菜秆可作食用菌生产的原料,根、落花、落角等可作有机肥培肥地力。

(1) 菜叶的利用。双低油菜叶含有各种氨基酸、维生素、蛋白质和碳水化合物,是良好的青绿饲料和青贮饲料。我国西北地区7月下旬小麦收获后,由于“种一熟时间有余,种两熟时间不足”,7月以后有大量土地闲置。2000年以后,麦收后播种油菜,生长期为2个多月,平均亩产青饲料2500～3000千克,解决了当地发展畜牧业饲料短缺的问题,也保护了环境，深受群众欢迎。据甘肃农业大学2000年测定，双低油菜蛋白质含量高，干样为23.88%，鲜样为2.27%，比苜蓿等豆科牧草略低，而粗脂肪、无氮浸出物都高于苜蓿等豆科牧草。据甘肃农业大学饲养羊试验的结果显示，双低油菜适口性好，采食率达95%；风干玉米搭配50%青饲料油菜的试验组，羊的日增重比对照组（只喂风干玉米秆）增加63.5%。

浙江省桐庐县凤联乡何忠汉选用中迟熟品种浙优油1号，9月初播种，每亩种植密度为5000株，11月底单株绿叶数11～12张，最大叶长42厘米，叶宽15厘米。冬季采长柄叶作猪的青绿或青贮饲料，每亩采收油菜叶600千克，可以代替一季萝卜。油菜生长到成熟后收获油菜子，据浙江省农业科学院油菜育种专家实地调查，单株有效分枝数为17～18个，每亩收油菜子235千克，比当地一般栽培的油菜产量翻一番。

浙江省金华、嘉兴、桐乡等市的蜗牛养殖户，用双低油菜叶喂养蜗牛，获得较好的效益。如桐乡市濮院镇东市梅圣蜗牛养殖场种植了4亩油菜，当冬季气温下降，地上青饲料日渐稀少时，该场每天把100千克油菜秧苗切碎，再加入少量精饲料，就解决了5万～6万只蜗牛的饲料问题。春节后，天气日渐转暖，由于种得早、肥料足，大田油菜发得快，从3月初到4月底，菜叶吃完，蜗牛也长大了。该场利用4亩油菜养大了2000千克蜗牛，获利1.6万多元；另外，收油菜子750千克，销售获款1300元。

（2）双低油菜菜薹的利用。浙江省农业科学院育成的油蔬兼用型双低油菜新品种浙双72，菜薹经国家农业部农产品质量监督检测中心检测，锌、硒、可溶性总糖及维生素C、维生素B_1、维生素B_2、维生素E的含量均高于油冬儿青菜薹，硫苷含量与油冬儿青菜薹接近(见表4)，证实可作为良好的食用绿色蔬菜开发。双低油菜菜薹可直接炒熟食用，色泽青绿，口感较糯，并有淡淡的清香味；可进行冷冻保鲜或深加工成脱水蔬菜，提高其附加值，延长供应季节，在蔬菜淡季供应。双低油菜菜薹粗壮，花蕾大，加工成脱水蔬菜的利用率高。浙江海通食品集团股份有限公司生产1千克“万年青”脱水蔬菜只需6千克浙双72鲜菜薹，若用油冬儿青菜薹，则需要8千克。“万年青”脱水蔬菜不仅畅销上海、杭州等大中城市，而且出口日本和东南亚国家。

表4　油菜薹营养元素含量检测结果(2002年3月)

类型	品种	锌(毫克/千克)	维生素C(毫克/千克)	维生素B_1(毫克/千克)	维生素B_2(毫克/千克)
双低油菜	浙双72	8	47.64	0.097	2.141
普通油菜	九二–58系	6.2	50.47	0.089	0.932
青菜	油冬儿	6.8	32.07	0.046	0.471
类型	品种	维生素E(毫克/千克)	硒(微克/克)	可溶性总糖(%)	硫苷(微摩尔/克)
双低油菜	浙双72	0.29	0.016	3.54	12.68
普通油菜	九二–58系	0.41	0.018	3.25	16.89
青菜	油冬儿	0.23	0.014	1.95	12.13

据慈溪市种子公司试验结果显示，浙双72采摘1次菜薹(105千克/亩)后，可收油菜子155千克/亩，比不摘薹的产量略减，经济效益比不摘薹的增加165.4元/亩；采摘3次菜薹(190.3千克/亩)后，可收油菜子51.8千克/亩，比不摘薹的产量减少104.2千克/亩，经济效益比不摘薹的增加33.56元/亩(见表5)。采摘1次双低油菜主薹，工作量小，经济效益高。

表5　浙双72油菜薹两用高效技术试验数据

项　目	菜薹(千克/亩)				油菜子(千克/亩)	经济效益(元/亩)		
	第1次	第2次	第3次	合计		菜薹	油菜子	合计
摘薹1次	105	0	0	105	155	168	403	571
摘薹3次	91.3	62.5	36.5	190.3	51.8	304.48	134.68	439.16
不摘薹	0	0	0	0	156	0	405.6	405.6

注：菜薹价格为1.6元/千克，油菜子价格为2.6元/千克。

(3) 油菜秆的利用。油菜秆作食用菌培养料是变废为宝的创举。我国是油菜生产大国，油菜秆资源极其丰富。据分析，油菜秆含碳素48%，氮素 0.63%,无机盐 5.71%,是栽培食用菌的好原料。1988 年湖南农家用双低油菜秆生料栽培平菇试验获得成功,之后他们用双低油菜秆生料培养黑木耳又收到较好的效果,生物效率达 60%。采菇后的培养料含粗蛋白质 17.75%,比油菜秆高 12.77%;含粗纤维素 15.4%,比油菜秆低 26.6%,是优质的畜禽饲料源。

(4) 低芥酸菜油的加工。低芥酸菜油的加工流程是:双低油菜子去杂→加湿加热→磨碎→压榨→饼粕浸提→粗油加硫去杂→加定量的白土在有氮气的条件下与加热的菜油混合脱色→加碱脱脂→高温高压除臭→成品包装。双低油菜子加工成的低芥酸菜油,对人体不利的芥酸含量从 45%降到 2%以下,对人体有利的油酸和亚油酸含量从 30%提高到 80%,从根本上改良了菜油的品质,大大提高了其在食品加工中的用途。低芥酸菜油可与其他植物油调配成适合不同用途的产品, 如起酥油、人造奶油、黄油等。起酥油的加工方法是:把部分氢化的菜子油和少量乳化剂混合,用急冷机快速降温,同时通入少量氮气或空气剧烈搅拌,使油脂变成非常细腻的乳白色的半固体油脂。人造奶油的加工方法是:把 80%的氢化植物油和 20%的脱脂牛奶混合,另加少量香料、乳化剂、食盐、色素和防腐剂,送入急冷机中快速冷却结晶,经过切块和包装即得成品。冷榨油是利用低温冷榨生产工艺开发的用于凉拌的食用油。德国食品超市上的双低菜子冷榨凉拌油售价 20～22 欧元 / 升, 比一般高级烹调油、调和油高 5 倍。

(5) 低硫苷菜饼的利用。低硫苷菜饼因无毒或低毒,菜饼中的各种营养物质可以得到充分利用。加拿大对低硫苷菜饼的利用研究始于 20 世纪 20 年代。当初,人们对菜子饼粕的利用还是有顾虑的。因为与豆饼相比,菜饼中的赖氨酸含量比较低。但经研究发现,把菜饼与豆饼按一定比例配合,就能制成营养很全面的饲料。更重要的是油粕中硫、磷的含量高于豆饼。磷对单胃动物很重要,将富含硫氨酸和磷的油粕与豆饼配合作饲料,两者都能发挥各自的优势,使畜禽生长良好。加拿大油脂加工厂一般将精炼所得的油脚回收利用,加到饼粕中去,所得的饼粕富含磷脂、醇、油脂等营养物质以及维生素 A、维生素 D、维生素 K、维生素 E,菜饼含油量可达 4%,并且含有较高的能量值。据最新研究结果显示，双低油菜菜饼在不同牲畜饲料配方中最佳添加量如下：生长鸡20%，黄鸡10%，火鸡10%～15%，生长猪12%，种猪10%，生长牛20%，奶牛10%，肥育牛10%。最近双低饼粕用作鱼饲料也获得成功，其开发前景十分广阔。日本等国利用脱皮双低油菜子饼粕代替豆粕生产食品分离蛋白、食品浓缩蛋白、口服液，用作酱油、醋等的发酵、酿造原料，大大降低了生产成本。欧洲等国利用双低油菜子饼粕生产花卉等特种肥料，一方面起到肥料作用，同时由于油菜子中含有的特殊成分，又可起到防治害虫的作用。

(6) 副产品的综合利用。低温油工艺是油菜子综合利用首要的关键工艺，据有关报道显示，对于双低油菜子，较理想的制油温度应是90℃以下。在此温度下获得的油、油脚和饼粕是理想的综合利用的原料。适温制油获得的蛋白质基本上没有变性，可以制备食用浓缩蛋白或分离蛋白；不仅成本低，蛋白质回收率高，且营养价值高于其他植物蛋白，可用于生产食用粉、蛋白食品和酱油、味精及畜禽饲料。据华中农业大学试验显示，在制备食用蛋白的过程中，还可以回收单宁和植酸(盐)。植酸(盐)是极重要的精细化工产品，在食品、医药、化工等行业中有广泛的用途。如采用脱皮适温制油工艺，可进一步提高其附加值，17%的皮壳提取天然色素后，可用于制备羧甲基纤维素钠和制造纤维板等，因而大大提高了菜饼的利用价值。据报道显示，国外双低油菜子通过深加工和综合利用，其产值是菜子油的11倍以上。油脚料经一系列新技术精炼可提取植物甾醇，该物质在临床医学上有降胆固醇、消炎、退热、抗溃疡和抗肿瘤作用；可用于生发香水、洗发液、营养雪花膏等化妆品；此外，还是一种新型的动物生长剂，能促进动物生长，增进畜禽健康，提高产量。植物甾醇在国内外市场上需求量很大，开发前景广阔。

(7) 双低油菜子加工生物柴油。油菜子除榨油食用外，还可加工成生物柴油。柴油分子由15个碳链组成，而菜子油分子由14～18个碳链组成，适宜加工成生物柴油。生物柴油对环境污染较轻，柴油车尾气中有毒有机物、CO_2和CO的排放量仅为矿物柴油的10%。

随着石油资源的日益枯竭和人们环保意识的提高，生物柴油的开发利用已引起世界各国的高度重视。欧盟是全球最大的生物柴油生产国,生物柴油是欧盟最重要的生物燃料,约占到生物燃料总产量的80%。约 80%的生物柴油由油菜子生产,剩余的主要由葵花油和豆油生产。生物柴油市场份额庞大的主要原因是在欧盟各国相当大一部分的汽车靠柴油驱动,而柴油供应短缺。欧盟最大的生物柴油生产国是德国、法国和意大利。2007 年欧盟生物柴油产量预计从 2005 年的 290 万吨增至 610 万吨,其中增幅最大的国家是德国:2005 年德国生物柴油产量为 166 万吨,2007 年德国的生物柴油产量预计为 300 万吨。德国取消了生物柴油的矿物油税是生物柴油行业快速发展的主要原因。欧盟已经制定计划,在 2020 年实施 10%的生物柴油最低掺混政策。

目前,我国利用油菜子加工生物柴油的条件日趋成熟。由于我国油菜育种专家的科研攻关,一批高油分的油菜品种(系)已问世,如浙江省农业科学院利用反义 PEP 基因技术,获得了高油油菜新品系超油 1 号(含油量 47.4%)、超油 2 号(含油量 52.82%)。我国有冬闲田 2 亿亩左右,可以种植油菜,发展潜力大。

为解决我国能源短缺的问题,国内企业纷纷投资建设生物柴油项目,一些以菜子油为主要原料的生物柴油项目陆续落户我国长江流域,如荣利(苏州)新能源有限公司投资建设的年产生物柴油 20 万吨的项目; 奥地利碧路公司在南通的生物柴油能源公司已具有年加工油菜子70万吨的能力;中国石油、中国石化、中海油、中粮油等传统石油企业也纷纷上马生物柴油项目。

此外,法国、加拿大等国研究培育了一种高月桂酸的油菜品种,生产的月桂酸可用作高级化妆品原料。美国、日本等国从菜子油中提取芥酸用于航空航天工业、高级摄影材料。

2. 双低油菜的发展前景

(1) 社会、经济效益。双低油菜适应性广,平原、山区、海涂均可种植。浙江省农民历来有种植油菜的习惯,而且尚有大量冬闲田可用于发展双低油菜生产。从浙江省实际来看,大力发展双低油菜生产,具有以下社会、经济效益:

①可提高油菜产量水平。由于油菜育种专家多年的科研攻关,生产

上应用的双低油菜品种丰产性明显好于浙江省种植多年的普通油菜老品种九二–13 系、九二–58 系。如双低油菜品种浙双 72，在 1997～1999 年浙江省油菜区域试验中平均亩产 137.28 千克，比对照九二–58 系增产 20.83%。所以，农户只要把九二–13 系、九二–58 系等老品种更换为双低油菜新品种，就能较大幅度地提高油菜子产量。

②可增加产油量。九二–13 系、九二–58 系等品质差，含油量低，仅为 36%～38%。双低油菜品种浙双 72、沪油 15 的含油量分别为 43.52%、43.4%，比九二–13 系、九二–58 系高 5%～7%。以浙江省种植双低油菜 300 万亩计算，可多生产优质菜子油 2.43 万吨。

③可生产优质菜饼。双低油菜菜饼可直接饲用，若浙江省种植双低油菜 300 万亩，以每 100 千克油菜子生产 55 千克菜饼计算，可生产优质菜饼 22.28 万吨，替代豆饼用于水产、畜禽养殖和饲料加工业，可缓解浙江省蛋白质饲料供不应求的矛盾，促进畜牧业和饲料加工业的健康发展，社会效益十分显著。

（2）生态效益。油菜于秋季播种，生长期跨越冬、春两季。时至寒冬，万物凋谢，唯油菜生机盎然。大地回春，油菜花开，田野成金黄色的海洋，春风吹起，卷起一层层金浪，飘来一阵阵花香，令人心旷神怡。日本和我国云南、贵州、浙江等省都将油菜作为旅游区景观作物种植，云南省罗平县、陕西省汉阴县、贵州省安顺市、青海省门源县均举办过油菜花旅游节。浙江省仙居县对在旅游风景区种植油菜的农户，每亩补贴 50 元。

双低油菜是用地养地作物，据长期定位试验和多年多点试验测定，亩产 100 千克油菜子，其秸秆、角壳约重 327 千克，其中含纯氮 6 千克，含磷（P_2O_5）1.2 千克，含钾（K_2O）7.4 千克，相当于亩产 1500 千克紫云英的有机肥与氮、磷、钾等矿物质养分。油菜与水稻实行水旱轮作，可培肥地力，改善土壤的理化性状，提高水稻产量。如江山市贺村镇花园村蔡兴泉农户的早稻攻关田，4 月中旬将油菜作绿肥翻耕后栽种中早 22，2005 年、2006 年早稻亩产分别为 693.7 千克、698.5 千克，创双季早稻产量新高。同时，油菜与水稻轮作，可避免冬季荒田滋生禾本科杂草，减少灰飞虱的寄主植物数量，抑制灰飞虱繁殖，防止水稻条纹叶枯病、黑条矮缩病的发生。

（3）市场前景。浙江省的油料作物主要是油菜、花生、芝麻和油茶，其中花生、芝麻种植面积小，大多作糕点配料或直接炒熟食用，很少榨油。油茶子年产量3万吨左右，年产茶油0.69万吨左右，大部分自产自销。油菜年种植面积300万～350万亩，是浙江省主要的食用油来源，在农业生产中具有重要地位。浙江省食用油年需求量为36万吨，自产油料折油16万吨，自给率仅45%，产销缺口20万吨，食用油对外依存度较高。所以，从食用油消费需求来看，浙江省双低油菜的发展空间还很大。

浙江省地处经济发达的东南沿海地区，毗邻上海、江苏、福建等省以及直辖市，交通方便，油脂加工业发达，是我国油脂加工大省，拥有大中型油脂加工企业近30家，油菜子年加工能力200多万吨，其中浙江新市油脂股份有限公司年加工能力60多万吨。浙江新市油脂股份有限公司、海宁锦中油脂有限责任公司被列入国家农业产业化龙头企业。油脂加工企业集中分布在杭州、嘉兴、湖州和宁波等市的油菜主产区，油菜子收购便捷，收购费用较低。2003年，浙江新市油脂股份有限公司生产的“如意”牌双低菜油、平湖合兴植物油有限公司生产的“绿怡”牌精炼油被评为浙江省名牌产品。浙江省油脂加工能力强，油脂企业迫切希望扩大油菜种植面积，能就近收购到质优价廉的油菜子，规避市场风险。

浙江省冬季气候温和，雨水充足，光温资源丰富，适合油菜生长。近年来，随着种植业结构调整的深入，大、小麦种植面积大幅度减少，为双低油菜提供了发展空间。同时，随着浙江省“油-稻”两熟制应用的品种、栽培技术不断完善，单产和效益不断提高，“油-稻”两熟制面积不断扩大，给双低油菜秋冬发高产栽培和免耕直播轻简化栽培提供了时空条件。目前，浙江省种植自然选育的双低油菜品种，有别于加拿大等国的转基因油菜品种，用浙江省内生产的双低油菜子加工菜子油，符合当今人们营养保健安全的消费理念。浙江省有600万亩左右的冬闲田，开发潜力巨大，大部分冬闲田适宜种植双低油菜。只要扶持政策、技术指导和生产服务到位，浙江省双低油菜的发展前景十分广阔。

二、双低油菜的生产环境与高产途径

（一）双低油菜生长发育对外界环境条件的要求

油菜从播种到成熟共经历5个生育阶段，即发芽出苗期、苗期、蕾薹期、开花期和角果发育期。在不同生育阶段有其特有的生育特性，同时对外界环境条件有一定的要求。

1. 种子发芽对外界环境条件的要求

（1）种子萌芽过程。油菜种子无休眠期，成熟种子播种后遇适宜条件即可发芽。油菜种子的发芽和出苗一般要经过以下4个阶段：

①吸水阶段。油菜种子发芽时，首先要吸收水分，一般吸水量达种子本身重量的60%以上，使种子膨大达原体积的1倍左右。

②出芽阶段。种子吸收足够水分后，胚根开始伸长，突破种皮，现出白色根毛。

③幼根活动阶段。幼根深入表土2厘米左右，根尖以上生出很多白色根毛。

④子叶展开阶段。当幼根上生出根毛后，胚茎向上延长，略现弯曲；待种子脱离，幼茎始直立土面，两片子叶由淡黄色转现绿色，逐渐展开呈水平状，开始进行光合作用；待真叶和侧根生出后，即进入苗期生长阶段。

（2）种子萌发条件。

①水分。油菜种子萌发必须有水，一般吸水后含水量达到种子风干重的65%～75%时，种胚方可突破种皮进入萌发状态。种子吸水速度以

吸水开始后 4 小时内最为迅速,此后有所减慢。种子吸水速度还与温度有关,在 15～40℃范围内,种子吸水速度与温度升高呈正相关。不同品种种子的吸水速度也有差异,一般吸水快的品种,其蛋白质含量较高。油菜在发芽出苗期要求的土壤水分应为田间最大持水量的 60%～70%,故播种时必须保证土壤有足够的水分。

②温度。油菜种子萌发的最适温度为 25℃,最低 3～4℃,最高 36～37℃。通常在田间土壤水分适宜的条件下,当日平均气温在 16～20℃时,播后 3～5 天即可出苗;12℃左右时需 7～8 天出苗;8℃左右约 10 天以上出苗;日平均气温降至 5℃以下,虽可萌动,但根、芽生长速度极为缓慢,出苗需 20 天以上。所以冬油菜秋播过迟,出苗很慢。

③氧气。油菜种子发芽需要一定的氧气。风干的油菜种子由于含水量在 10%以下,且主要以束缚水形式存在,呼吸作用微弱,需氧量很少;到吸水量达到种子风干重的 60%左右时,需氧量增加;当种子胚根、胚茎突破种皮后,氧的消耗量猛增。因此在秋雨多的地区,土壤水分过多或土壤板结,导致土壤氧气缺乏,即使温度适宜,油菜种子也不能发芽。

2. 油菜苗期对外界环境条件的要求

油菜从出苗到现蕾称为苗期。油菜苗期主茎一般不伸长或略有伸长,且茎部着生的叶片多呈丛生状。浙江省冬油菜苗期较长,一般为 130～150 天, 约占全生育期的一半以上。油菜苗期分为苗前期和苗后期,出苗至花芽分化为苗前期,花芽分化至现蕾为苗后期。苗前期全部为营养生长,苗后期除营养生长外,还进行生殖生长。油菜苗期对水分、温度、光照有一定的要求:

(1) 水分。油菜苗期虽然植株较小,气温较低,耗水强度不大,但若缺水,则不利于有机物的制造和积累,苗小叶少。浙江省嘉兴、湖州等市油菜主产区地下水位高,在冬季降雨较多的年份,若油菜田排水不畅,容易引起油菜渍害,出现烂根死苗现象。据研究显示,油菜苗期适宜的土壤湿度一般不应低于田间最大持水量的 70%～75%。

(2) 温度。油菜苗期生长的适宜温度为 10～20℃。在土壤水分等适宜的条件下,温度适宜则根系生长好,叶片分化快,出叶速度快,叶面积大,花芽分化多,为油菜春后的生长发育和产量形成打下基础。据湖南农业大学农学院(1976 年)研究表明,胜利油菜在苗前期当日平均气温为 16.5℃时,平均每分化一片叶需 1.8 天;当日平均气温为 13.2℃时,需 2.0 天;当日平均气温为 7.7℃时,需 3.1 天。

冬油菜苗期正处于越冬期间,常遇低温而引起冻害。油菜苗期耐寒力较强,一般遇短期的 0℃以下低温不致遭受冻害。油菜受冻程度主要取决于品种的耐寒力、寒流的强度和持续时间的长短,以及栽培条件的优劣等。据研究显示,油菜越冬期间若遇 3 旬以上旬平均气温在 2℃以下,或 2 旬以上旬平均气温在 1℃以下,或 1 旬平均气温在 0℃以下,或越冬期间有连续 3 天或 3 天以上日最低气温在−3℃以下时,均会发生严重冻害,甚至造成减产。

(3) 光照。油菜苗期需要充足的光照条件,这样有利于进行光合作用,积累较多养分。据罗树中等(1963 年)研究,光照长度对油菜营养器官的生长有影响,每日光照时间长,叶片出生速率快;光照长度对油菜根系的生长也有影响,光照时间长,油菜扎根深;光照长度还影响花芽分化的迟早,光照时间长则花芽分化早。

3. 蕾薹期对外界环境条件的要求

油菜从现蕾到始花称为蕾薹期。浙江省油菜蕾薹期一般为 25～30 天,蕾薹期营养生长和生殖生长同时进行。油菜现蕾后,随着气温上升,主茎和主花序依次伸长,两者的伸长速度都是由慢到快,再转慢。油菜蕾薹期对外界环境条件的要求如下:

(1) 温度。冬油菜一般在开春后气温稳定在 5℃以上现蕾,现蕾后即可抽薹。若气温在 10℃以上则迅速抽薹,但温度过高,抽薹速度太快,由于组织疏松,会导致薹茎弯曲现象,对产量形成不利。油菜进入蕾薹期后抗寒力大大减弱,若遇 0℃以下低温就有受冻的危险,特别是幼蕾处于单核期阶段,最易受冻。蕾受冻后,初呈黄色,继而枯死。薹受冻部分初呈水渍状,嫩薹部受冻弯曲下垂,受冻轻的可恢复生长,重的受冻部位表皮与皮层分离、破裂,严重者茎秆开裂。

(2) 光照。蕾薹期充足的光照十分重要。稀植通风透光好,且肥水充足，油菜中下部的腋芽可发育成有效分枝。如果光照不足，种植密度又大，则仅上部几个腋芽发育成有效分枝。油菜进入蕾薹期后，叶片光合强度提高，这时光照充足对光合作用有利，能积累更多的光合产物。

（3）水分。油菜在蕾薹期由于气温升高，主茎节间伸长，叶面积扩大，蒸腾作用增强，所以必须要有充足的水分。薹期不同，土壤湿度对经济性状有较大影响，缺水会造成主茎变短，叶片变小，幼蕾脱落，产量不高；水分过多，又偏施氮肥，则容易引起徒长、贪青、倒伏和病害。一般土壤湿度达到田间最大持水量的 80%左右，才能满足油菜对水分的需求。

4. 开花期对环境条件的要求

油菜从始花到终花称为开花期。浙江省油菜开花期一般为 25～40 天。油菜开花期是营养生长和生殖生长都很旺盛的时期。从初花期到盛花期，根系的生长很快，特别是支根数的增长最为迅速，到盛花后期根系干重达到最大值，根群向纵深发展，密布于整个耕作层内。油菜的茎秆到始花时长度和粗度基本定型。油菜开花期对环境条件的要求如下：

（1）温度。油菜开花的温度范围为 12～20℃，适宜温度为 14～18℃。早熟、早中熟和中熟品种开花期早，开花温度偏低。中晚熟和晚熟品种开花迟，温度偏高。气温降至 10℃以下开花数显著减少，5℃以下基本不开花，0℃或 0℃以下时正开放的花朵大量脱落，幼蕾黄化，且出现分段结角现象。当气温高达 25℃时仍能正常开花，但至 30℃以上时，虽可开花，但所开花朵结实不良。

（2）相对湿度。油菜开花时空气的相对湿度以 70%～80%为宜，如果相对湿度低于 60%或高于 94%都不利于开花。降雨当天对油菜开花数没有较大影响，如遇连续阴雨，气温降低，则开花数显著减少。晴天气温增高，日照充足，开花数显著增多。当花期遇连续阴雨，相对湿度增高时，结角率显著下降，每角粒数明显减少。

（3）水分。油菜开花期营养生长和生殖生长都很旺盛，加上气温升高，耗水强度显著增大，是油菜生长周期中对水分反应很敏感的“临界期”。开花期生长最为旺盛，耗水强度大，一日最大值可达 3～4 毫米，故农谚有“若要油，二月沟水流”的说法。如果缺水，油菜个体生长受到抑制，开花提早结束，花序缩短，出现早衰现象，花蕾大量脱落。

(4) 日照。油菜花期也需要充足的光照，以利于叶片和幼果的光合作用。此外，天气晴朗有利于开花和蜜蜂传粉，对结实有利。

5. 角果发育期对外界环境条件的要求

油菜从终花至成熟称为角果发育期。油菜终花后，子房膨大形成角果，同时体内营养物质向角果种子内运输和贮藏，直到成熟。

(1) 温度。在角果发育期，15～20℃才有利于油菜干物质和油分积累。温度过高，往往造成高温逼熟，对角果发育不利。温度过低对成熟也不利。昼夜温差大，有利于干物质和油分积累。

(2) 光照。油菜角果发育期要有充足的光照，有利于后期光合作用和干物质、油分的积累。我国西北和西南高原地区油菜角果发育期间光照强，昼夜温差大，因此种子千粒重和含油量均比长江流域高。在我国长江流域，长江上游和下游3～5月日照时数都比中游多，因此种子千粒重和含油量比中游高。

(3) 水分。角果皮、茎、叶进行光合作用，光合产物向角果内运转。因此，土壤湿度不宜太低，一般以土壤含水量不低于田间最大持水量的60%为宜。

(二) 双低油菜的温光效应

1. 双低油菜的感温性和感光性

(1) 感温性。油菜需要通过一个较低的温度才能进行花芽分化。但不同品种类型对温度条件的要求有差异，因此形成冬性类型、半冬性类型和春性类型三大类。

①冬性类型。一般为中晚熟和晚熟油菜品种，这类油菜对低温要求严格，需20～40天以上0～10℃的温度。若在晚春播种或夏季播种的条件下，由于没有满足其对低温的要求，当年不能现蕾开花，要经过越冬，

到次年春季才能现蕾开花。

②半冬性类型。一般为中熟和中晚熟油菜品种。这类油菜品种虽然要求一定的低温条件，但对低温的要求不严格。一般在5～15℃条件下，经20～30天能花芽分化。

③春性类型。一般为极早熟、早熟和部分早中熟油菜品种。这类油菜种子从萌发后到花芽分化都可以在较高温度下进行。一般在15～20℃条件下，经15～20天才能花芽分化。

(2) 感光性。油菜发育要求长光照，只有满足对光照的要求才能现蕾。据中国科学院上海植物生理研究所(1955年)研究，上海农家油菜品种每天14小时光照即能满足要求；每天光照时间延长至14小时以上，能提早现蕾开花；光照缩短到12小时以下，则不能正常现蕾开花。

2. 双低油菜温光效应特性在生产上的应用

(1) 在引种上的应用。油菜引种首先要了解油菜的感温性、感光性和引入地点的气候特点。就冬油菜而言，北方冬油菜品种冬性强，引到南方种植，发育推迟，因而成熟迟。相反，南方冬油菜品种春性较强，发育快，引种到北方秋播，则有早薹早花现象发生。因此，冬油菜在温度条件相近地区相互引种，其成功可能性大。

(2) 在品种布局和播种期上的应用。在我国长江流域一年两熟地区可选用冬性和半冬性、生育期较长的油菜品种，并适当早播早栽，易获得高产。但一年三熟地区要求油菜迟播早收，则宜选用半冬性或偏春性的品种，这些品种不宜过早播种，否则导致年前早薹早花，但播种过迟产量也不高，因此要做到适时早播。

(3) 在栽培上的应用。春性强的油菜品种发育快，间苗要早，移栽后要早施、勤施苗肥，加强管理，以延长营养生长期。冬性强的品种苗期生长发育慢，应促进冬发，促使其在入冬前有较大的营养体，并且加强春后田间管理，使其不脱肥，不旺长，这样才有利于获得高产。

（三）双低油菜的产量形成与高产途径

1. 双低油菜产量形成过程

双低油菜的各产量因素是在生育过程中按照一定的顺序和阶段逐步形成的。

(1) 角果数的形成。双低油菜植株通过一定的感温阶段和必要的营养生长量,主茎顶端开始花芽分化,这是角果形成的开始(12月初)。随着分枝花芽开始分化，花芽和植株进入旺盛生长时期，花芽分化加快,至始花期花芽总数达到高峰,这一阶段是角果数的增长期。此后由于蕾、花、角果的脱落,以及部分角果变成阴角,角果数逐渐减少,到终花后15～20天角果才定型。因此,这段时期是角果数的决定期。一般花芽开始分化至现蕾为有效花芽分化期,现蕾至始花为无效花芽分化期。

(2) 粒数的形成。主花序第一个花芽的雌蕊内出现胚珠突起,这是粒数形成的开始(1月下旬)。随着花芽的发育,至开花时在胚珠发育完成的过程中,有少部分胚珠的胚囊因发育不全而退化;或开花时未能授粉或受精而败育;或开花受精后,由于营养不足等原因,而成为空瘪粒。由此可见,以一个角果而言,粒数是随着分化不断减少的,受精前属胚囊退化,受精后属胚胎退化。以单株或群体而言,大致在始花前,随着单株和群体花芽发育和数量增长,粒数随之增长;始花后随胚胎滞育而减少,至终花后15天左右,粒数定型。

(3) 粒重的形成。当第一朵花的胚珠受精,经4～5天后开始长大增重,这是粒重形成的开始(3月中旬)。一般粒重的增大,前期增长较慢,后期增长较快。一般开花后25天内为粒重的缓慢增长期,此后为快速增长期。

为了简便起见,油菜3个产量因素的形成,可概括为3个时期:一是花芽开始分化至开花前,为角数、粒数奠定期;二是始花至终花后15天左右,为角数、粒数定型期;三是始花后15～20天至成熟,为粒重决定期。

2. 双低油菜高产途径

农作物产量公式:经济产量=生物产量×经济系数。提高农作物产量的根本途径是提高农作物对太阳光能的利用率，提高它们的生物产量。我国南方冬油菜高产的基本经验是:在一定气候、品种和栽培技术条件下,冬油菜冬前生长愈好,春后产量愈高。在此栽培理念的指导下,经各级油菜科技工作者和广大群众的探索和研究,总结出3种双低油菜高产途径。

(1) 冬壮春发。9月下旬至10月初播种,适龄壮苗移栽,在冬前有效生长期内有一定的营养生长与积累。越冬前单株绿叶数7～8片,叶面积系数(LAI)0.8左右,苗架似菜碗般大小叫冬壮类型。在冬壮的基础上,争取春季早发,开花期最大叶面积系数达2.5～3.0,结角期最大角果皮面积指数(PAI)达2.5～3.0,形成合理适中的产量架构,实现亩产150～180千克的产量指标。由于这一技术途径适应较好,各项指标比较适中,风险较小,在大面积生产中占主导地位。

(2) 冬春双发。9月15日至25日播种,培育壮秧。10月底至11月上旬移栽,在冬前有效生长期,以较多的肥水促进冬发。越冬前大壮苗单株绿叶数9～10片,根颈粗1厘米左右,叶面积系数1.5左右,苗架似钵头般大小叫冬发类型。春季再施足肥水促春发,开花期最大叶面积系数达3.5～3.8,结角期最大角果皮面积指数达3.5～4.0,形成较高大的产量架构,实现亩产180～200千克的产量指标。这一技术需要较早茬口,投入较大,在大面积丰产片及条件好的地区运用。

(3) 秋发。一般9月上中旬播种,10月中下旬移栽,利用秋季有利的温光条件实现秋发。形态指标是:植株至秋末(11月底)单株绿叶9～10片,叶面积系数为1.5～2.0,每亩植株干重150千克以上;到越冬前(12月底),单株绿叶13～14片,叶面积系数为2.5～3.0,每亩植株干重250千克以上,这样的好油菜叫秋发类型。开花期最大叶面积系数达3.8～4.2,结角期最大角果皮面积指数达3.8～4.2,形成高大的产量架构,实现亩产200～250千克的产量指标。这一技术需要早茬口,种植密度可下降到5000株/亩左右,可在肥水条件好、管理水平高的地区运用。

三、双低油菜品种的选择与利用

（一）双低油菜种子质量要求

1. 双低油菜种子质量标准

（1）定义。在中华人民共和国农业行业标准《低芥酸低硫苷油菜种子》(NY 414–2000)中，采用下列定义：

①非杂交油菜育种家种子。育种家育成的遗传性状一致品种的、由育种家提供的高纯度种子。

②原种。用非杂交油菜育种家种子繁殖或按原种生产技术规程生产的达到原种质量标准的种子。

③良种。用原种繁殖的第一至第三代种子。

④杂交油菜种子。用三系(或两系等)杂交法生产的达到良种质量标准的种子。

⑤芥酸。油菜种子的油中所含的顺$\triangle^{13}$二十二碳一烯酸，以占脂肪酸组成的百分率表示。杂交油菜种子芥酸以F_2代芥酸含量表示。

⑥硫苷。油菜种子中所含的硫苷，以每克饼粕(水分含量8.5%)中所含硫苷总量微摩尔数表示。杂交油菜种子硫苷以F_2代硫苷含量和亲本硫苷含量的平均值表示。

（2）质量标准(见表6)。

表 6　低芥酸低硫苷油菜种子质量标准

<table>
<tr><th colspan="2" rowspan="2">种子级别</th><th colspan="7">质量指标</th></tr>
<tr><th>芥酸
(%)</th><th colspan="2">硫苷
[微摩尔/克(饼)]</th><th>纯度
(%)</th><th>净度
(%)</th><th>发芽率
(%)</th><th>水分
(%)</th></tr>
<tr><td rowspan="2">杂交油菜种子</td><td>一级</td><td rowspan="2">≤2.00</td><td>≤F_2代</td><td>≤亲本平均值</td><td>≥90.0</td><td rowspan="2">≥97.0</td><td rowspan="2">≥80</td><td rowspan="2">≥9.0</td></tr>
<tr><td>二级</td><td>≤40.00</td><td>≤30.00</td><td>≥83.3</td></tr>
<tr><td colspan="2">非杂交油菜育种家种子</td><td>≤0.50</td><td colspan="2">≤25.00</td><td>≥99.9</td><td>≥99.5</td><td>≥96</td><td>≥9.0</td></tr>
<tr><td>原种</td><td></td><td colspan="2">≤0.50</td><td>≤30.00</td><td>≥99.0</td><td>≥98.0</td><td>≥90</td><td>≥9.0</td></tr>
<tr><td>良种</td><td></td><td colspan="2">≤1.00</td><td>≤30.00</td><td>≥95.0</td><td>≥98.0</td><td>≥90</td><td>≥9.0</td></tr>
</table>

2. 油菜子质量标准

(1) 定义。在中华人民共和国国家标准 GB/T 11762-2006《油菜子》中，采用下列定义。

①油菜子。十字花科草本植物栽培油菜长角果的小颗粒球形种子，种皮有黑、黄、褐红等色。

②转基因油菜子。用转基因生物技术培育的种子生产的油菜子。

③含油量。净油菜子中粗脂肪的含量(以标准水分计)。

④杂质。除油菜子以外的有机物质、无机物质及无使用价值的油菜子。

⑤不完善粒。受到损伤或存在缺陷但尚有使用价值的颗粒，包括生芽粒、生霉粒、未熟粒和热损伤粒。

⑥芥酸含量。油菜子油的脂肪酸中芥酸[顺式二十二(碳)烯-(13)酸]的百分含量。

⑦硫苷含量。油菜子粕(或饼，含油 2%计)中硫代葡萄糖苷(简称硫苷或硫甙，以下均用硫苷)的含量。

⑧双低油菜子(低芥酸、低硫苷油菜子)。油菜子油的脂肪酸中芥酸含量不大于 3.0%，粕(饼)中的硫苷含量不大于 35.0 微摩尔 / 克的

油菜子。

(2) 质量指标。

①普通油菜子质量指标(见表7)。

表7　普通油菜子质量指标

<table>
<tr><th>等级</th><th>含油量(以标准水杂计)(%)</th><th>未熟粒(%)</th><th>热损伤粒(%)</th><th>生芽粒(%)</th><th>生霉粒(%)</th><th>杂质(%)</th><th>水分(%)</th><th>色泽、气味</th></tr>
<tr><td>1</td><td>≥42.0</td><td>≤2.0</td><td>≤0.5</td><td rowspan="5">≤2.0</td><td rowspan="5">≤2.0</td><td rowspan="5">≤3.0</td><td rowspan="5">≤8.0</td><td rowspan="5">正常</td></tr>
<tr><td>2</td><td>≥40.0</td><td rowspan="2">≤6.0</td><td rowspan="2">≤1.0</td></tr>
<tr><td>3</td><td>≥38.0</td></tr>
<tr><td>4</td><td>≥36.0</td><td rowspan="2">≤15.0</td><td rowspan="2">≤2.0</td></tr>
<tr><td>5</td><td>≥34.0</td></tr>
</table>

②双低油菜子质量指标(见表8)。

表8　双低油菜子质量指标

<table>
<tr><th>等级</th><th>含油量(以标准水杂计)(%)</th><th>未熟粒(%)</th><th>热损伤粒(%)</th><th>生芽粒(%)</th><th>生霉粒(%)</th><th>芥酸含量(%)</th><th>硫苷含量(%)</th><th>杂质(%)</th><th>水分(%)</th><th>色泽、气味</th></tr>
<tr><td>1</td><td>≥42.0</td><td>≤2.0</td><td>≤0.5</td><td rowspan="5">≤2.0</td><td rowspan="5">≤2.0</td><td rowspan="5">≤35.0</td><td rowspan="5">≤3.0</td><td rowspan="5">≤3.0</td><td rowspan="5">≤8.0</td><td rowspan="5">正常</td></tr>
<tr><td>2</td><td>≥40.0</td><td rowspan="2">≤6.0</td><td rowspan="2">≤1.0</td></tr>
<tr><td>3</td><td>≥38.0</td></tr>
<tr><td>4</td><td>≥36.0</td><td rowspan="2">≤15.0</td><td rowspan="2">≤2.0</td></tr>
<tr><td>5</td><td>≥34.0</td></tr>
</table>

（二）双低油菜新品种介绍

1. 浙双 72

浙双 72 是浙江省农业科学院作物与核技术利用研究所以江苏省农业科学院育成的高产品种宁油七号为母本，澳大利亚的双低品种马努为父本杂交选育而成的高产、高含油量、油蔬两用型双低油菜新品种。2001 年 4 月通过浙江省农作物品种审定委员会审定，2003 年通过全国农作物品种审定委员会审定，2002 年获浙江省科学技术奖一等奖。

（1）产量表现。该品种在 1997～1999 年浙江省油菜区域试验中平均亩产为 137.28千克，比对照九二–58 系增产 20.83%；2000 年浙江省生产试验平均亩产 143.4 千克，比对照九二–58 系增产 12.8%。

（2）特征特性。浙双 72 全生育期为 220 天左右。一般株高 150～160 厘米，有效分枝位为 20 厘米，一次分枝 8.5 个，二次分枝 5～8 个，主花序长 58 厘米，单株角果数 390 个，每角粒数 20 粒，千粒重 4.3 克左右。抗菌核病，抗旱、耐湿性较强。该品种芥酸含量 0.67%，硫苷含量 22.73 微摩尔 / 克，含油量 43.52%。浙双 72 菜薹可作蔬菜食用，当薹高 40 厘米左右时，摘薹芯 10～15 厘米，每亩可收菜薹约 100 千克，可增收约 100 元。该品种适宜于我国长江中下游地区推广种植。

（3）栽培技术。

①适时早播，培育壮秧。移栽油菜于 9 月底至 10 月初播种，三片真叶期喷 150 毫克 / 千克多效唑，11 月上中旬移栽，秧龄 35 天左右，宜早不宜迟。直播油菜于 10 月中下旬播种，一般不超过 10 月底。

②合理密植。移栽油菜密度一般为每亩 8000 株，直播油菜每亩留苗 1.5 万～2.0 万株，早播宜稀，迟播应密。

③科学用肥。重施基、苗肥，适施薹花肥，增施磷、硼肥。一般要求基苗肥占总施肥量的 2/3，薹花肥占总施肥量的 1/3。每亩施过磷酸钙 50 千克，分基肥和腊肥两次施用。硼肥作基肥施用时，每亩用量 1 千克；作苗、薹肥喷施时，每次每亩 100～150 克，浓度为 0.2%。

④病虫害防治。苗期注意防治蚜虫，以防病毒病发生，花期应重视菌核病防治。

⑤年前防冻，年后防渍害。浙双72茎叶淡绿色，要求越冬苗体老健，所以不可过多施肥，以免植株遭受冻害。年后做好开沟排水，防渍害。

⑥适时收获，严禁割青，建议打堆后熟。浙双72属大粒型、高含油量品种，割青将严重影响产量和含油量。

2. 浙双3号

浙双3号是浙江省农业科学院作物与核技术利用研究所以该院育成的高产品系76389为母本，(扬2008×鲁6)F_3为父本育成的高产、双低甘蓝型油菜新品种。2001年8月通过全国农作物品种审定委员审定。该品种已申请植物新品种保护，2005年11月1日发布公告。

(1) 产量表现。1996年参加浙江省多点鉴定试验，平均亩产127.17千克，比对照浙优油2号增产17.5%。1997～1999年参加长江下游片区域试验，平均亩产142.13千克，比对照全国主栽品种中油821增产6.7%。浙江省内油菜主产区试种结果：一般亩产150千克，高产田块达200千克以上。该品种芥酸含量0.33%，硫苷含量21.09微摩尔/克(饼)，含油量42.9%。

(2) 特征特性。全生育期比中油821迟1.45天。平均株高158厘米，一次分枝数8.5个，二次分枝数8.7个，单株有效角果数400个，每角粒数19.2粒，千粒重3.95克，病毒病抗性优于中油821，菌核病抗性与中油821相仿；适宜在我国长江中下游地区推广种植。

(3) 栽培技术。

①适时早播。移栽油菜于9月底至10月初播种，11月中旬移栽，秧龄35天左右。直播油菜于10月中下旬播种，一般不超过10月底。

②合理密植。移栽油菜密度一般为每亩8000～9000株。直播油菜每亩留苗1.5万～2.0万株，早播稀些，迟播密些。

③浙双3号属多枝、多角、中等粒重类型，要求重施基、苗肥，增施磷、钾肥，勿忘施硼肥。一般要求基、苗肥占总施肥量的2/3，薹花肥占总

施肥量的1/3。硼肥基施，一般每亩用量1千克，喷施苗、薹期各一次，每次每亩100克兑水50千克喷施。

④年前防冻，年后防渍害。要求越冬期苗体老健，防止氮肥过头遭冻害。年后做好开沟排水，防渍害。

⑤苗期注意防治蚜虫，以防病毒病发生，花期应重视菌核病防治。

3. 浙双758

浙双758是浙江省农业科学院作物与核技术利用研究所以该院育成的高产低硫苷油菜品系S7为母本，中国农业科学院油料作物研究所选育的双低品系84004为父本杂交选育而成的高产、高含油量、双低油菜新品种。2003年4月通过浙江省农作物审定委员会审定。该品种已申请植物新品种保护，并于2007年5月1日发布公告。

(1) 产量表现。该品种在浙江省油菜区域试验中平均亩产135.7千克，比浙江省主栽品种九二–58系增产17.9%，差异显著；比浙油758增产2.5%，差异不显著.但品质与原浙油758相比有了显著提高。据浙江省区域试验收获种子品质检测结果显示，其芥酸含量0.4%，硫苷含量18.4微摩尔/克，含油量44.9%。

(2) 特征特性。全生育期222天，比九二–58系长2天。该品种一般株高170厘米，有效分枝位43厘米，单株一次有效分枝数7.1个，二次有效分枝数4.7个，单株有效角果数357个，每角粒数23.6粒，千粒重3.8克，属多荚、多粒、中等粒重类型。据浙江省区域试验抗病性鉴定结果，菌核病病情指数46.5，优于九二–58系，病毒病病情指数29.83，与九二–58系相仿，优于浙油758。该品种适宜于我国长江中下游地区推广种植。

(3) 栽培技术。

①适时早播，合理密植。浙双758属半冬性类型，早播不易早薹早花，移栽油菜一般宜于9月下旬播种，秧龄控制在30～35天左右。直播油菜宜于10月中旬播种，一般不超过10月25日。移栽密度8000株/亩，直播留苗1.5万株/亩左右。早播宜稀，迟播宜密。

②科学用肥。浙双758株形高大，要求肥水充足，产量潜力易发挥。

一般要求重施基、苗肥，增施磷、钾肥，勿忘施硼肥。基、苗肥用量占总施肥量的 2/3，薹花肥占总施肥量的 1/3。硼肥基施，一般硼砂用量为每亩 1 千克；或苗期、薹期各喷施 1 次，每次每亩 100～150 克，浓度为 0.2%。硼肥基施效果更好。

③防治病虫害，适期收获。浙双 758 苗期生长旺，应重点做好蚜虫和菜青虫防治，花期做好开沟排水和菌核病防治。

4. 浙双 6 号

浙双 6 号是浙江省农业科学院作物与核技术利用研究所以该院育成的高产低芥酸品系芥 65[（浙油七号×马努）F_4]为母本，双低品系双 8[（扬 2008 鲁 6）F_6]为父本配制杂交组合，后经多代田间农艺性状鉴定和实验室品质筛选同步定向选择，培育而成的超高产、高含油量、低芥酸、低硫苷甘蓝型优质油菜新品种。2003 年 4 月通过浙江省农作物审定委员会审定，同年 11 月通过全国品种审定委员审定，2005 年 11 月 1 日获国家农业部植物新品种保护授权。

(1) 产量表现。该品种在两年浙江省油菜区域试验中平均亩产 141.84 千克，居参试品系首位，比对照九二–58 系增产 23.26%。浙江省生产试验平均亩产 123.53 千克，比对照九二–58 系增产 12.43%。两年全国区域试验结果：平均亩产 136.85 千克，比全国主栽品种中油 821 增产 20.09%。浙江省区域试验收获种子品质测定结果显示，其芥酸含量 0.3%，硫苷含量 26.55 微摩尔/克，含油量 42.75%。

(2) 特征特性。全生育期 222 天，株高 158.9 厘米，有效分枝位 42.3 厘米，一次有效分枝数 7.7 个，二次分枝数 4.9 个，单株有效角果数 366.2 个，每角粒数 20.9 粒，千粒重 4.3 克，属长荚果、大粒类型。菌核病和病毒病抗性，根据全国区域试验调查结果显示：是同一轮参试品系（组合）中发病率最轻的品种。该品种耐湿性、抗倒性强，适宜于我国长江中下游地区推广种植。

(3) 栽培技术。

①适时早播。我国长江下游地区移栽油菜于 9 月 20 日至 25 日播种，三片真叶期喷 150 毫克/千克多效唑，培育矮壮秧，于 11 月上旬移栽，

秧龄35天左右。直播油菜于10月中下旬播种,一般不超过10月底。

②合理密植。移栽油菜密度一般为每亩8000～9000株,直播油菜每亩留苗1.5万～2.0万株,早播宜稀些,迟播宜密些。

③科学用肥。浙双6号属多枝多角大粒型品种,一次分枝较多,二次分枝较少,要求重施基苗肥,每亩施复合肥50千克左右;苗肥一般在五叶期视苗情每亩施尿素10～15千克。腊肥一般在12月底或1月初施用,每亩施尿素8～10千克。硼肥基施,一般每亩用量1千克;或在苗期、薹期各喷施一次,每次每亩用硼砂100～150克,浓度为0.2%。

④加强田间管理,做好病虫草害综合防治。浙双6号苗期叶片大,苗期要提早间苗,并做好蚜虫和菜青虫的防治,年后做好开沟排水,防渍害。花期注意菌核病防治。

⑤适时收割,打堆后熟。浙双6号属大粒型品种,割青将严重影响产量和含油量。

5. 浙油18

浙油18是浙江省农业科学院作物与核技术利用研究所以宁油七号/马努杂交后代的高产、高油酸株系R85为母本,上海市农业科学院育成的双低品系9715为父本,经田间农艺性状鉴定和实验室品质筛选同步定向选择,培育而成的甘蓝型中熟、高产、高油分、低芥酸、低硫苷油菜新品种。该品种于2006年通过浙江省农作物品种审定委员会审定,已申请植物新品种保护,并于2007年5月1日发布公告。

(1) 产量表现。2004年浙江省区域试验结果:平均亩产173.58千克,居参试品系第三位,比对照浙双72增产9.29%,差异极显著。2005年同步升入浙江省区域试验、浙江省生产试验和长江下游片区域试验。浙江省区域试验8个试点产量汇总结果:平均亩产134.5千克,居参试品系第三位。浙江省生产试验结果:平均亩产130.2千克,居首位,比对照浙双72增产5.0%。2005年长江下游片区域试验结果:平均亩产169.91千克,居参试组第三位,比对照杂交油菜皖油14增产8.92%,差异极显著。2006年长江下游片区域试验结果:平均亩产179.82千克,居参试组第一位,比对照杂交油菜秦优七号增产9.03%,差异极显著。同年，长江下游区生产试验结果：平均亩产172.7千克，居8个参试品种之首位，比对照秦优7号增产7.0%，差异极显著。德清县2005年大区对比试验结果：平均亩产153.3千克，比对照浙双72增产5.37%。嵇金桥农户示范1.58亩，平均亩产148.76千克。2006年湖州市示范31.7亩，平均亩产163千克，比对照沪油15增产5.26%。2005年浙江省区域试验种子品质测定结果：浙油18芥酸含量0.12%，硫苷含量22.32微摩尔/克，含油量43.17%，油酸含量69.38%；对照浙双72芥酸含量1.34%，硫苷含量22.34微摩尔/克，含油量44.61%，油酸含量60.82%。

浙江省油菜区域试验抗病性鉴定结果，2004、2005年两年平均浙油18菌核病株发病率29.2%，病情指数为15.4；对照浙双72菌核病株发病率28.0%，病情指数为18.5。浙油18病毒病株发病率40.0%，病情指数19.6；对照浙双72病毒病株发病率38.0%，病情指数为16.6。菌核病抗性优于对照，病毒病抗性比对照略差。

（2）特征特性。该品种子叶大，幼苗直立。叶片大，叶柄长，叶缘波状，裂叶3对，叶色绿。花瓣着生覆瓦状，颜色淡黄色。植株高大，茎秆粗壮。有效分枝位较低，一次分枝数多，株形紧凑。角果多，斜生，着粒密。籽粒较粗，深褐色，圆形。浙江省油菜区域试验考种结果显示，该品种株高168.1厘米，有效分枝位41.4厘米，一次有效分枝数9.8个，二次有效分枝数7.6个，主花序结角数59.3个，单株有效角果数445.3个，每角粒数20.8粒，千粒重3.85克。长江下游片区域试验两年平均株高164.8厘米，一次有效分枝数9.1个，单株有效角果数457.8个，每角粒数23.0粒，千粒重3.77克，属多荚果、大粒类型。浙江省油菜区域试验结果显示，浙油18全生育期226.0天，较对照浙双72早1.3天。长江下游片区域试验两年平均结果显示，浙油18全生育期237.5天，较对照皖油14长1天，较秦优七号长2天。该品种适宜于我国长江中下游地区推广种植。

（3）栽培技术。

①适时早播。移栽油菜于9月底播种，11月上旬移栽，秧龄30～35天左右。直播油菜于10月中下旬播种，一般不超过10月底。

②合理密植。移栽油菜密度一般为每亩7000～8000株，直播油菜每亩留苗1.5万～2.0万株，早播稍稀，迟播宜密。

③科学用肥。浙油18属多枝多角大粒型品种，一、二次分枝较多，要求重施基肥，增施磷、钾肥。一般要求基、苗肥占总施肥量的2/3，薹花肥占1/3。硼肥基施一般用量1千克/亩；或苗、薹期各喷施一次，每次每亩用硼砂或硼酸100～150克，兑水50千克喷施。

④加强田间管理，做好病虫草害综合防治。浙油18苗期叶片大，要提早间苗，并做好蚜虫和菜青虫的防治，年后做好开沟排水，防渍害，花期做好菌核病防治。

⑤适时收获。浙油18属高油大粒型品种，人工收获建议在枇杷黄时打堆后熟。该品种植株紧凑，成熟一致，适宜机械化收获，建议在枇杷黄后2～3天一次性机械收获。

6. 沪油15

沪油15是上海市农业科学院作物育种栽培研究所采用双交法选育的甘蓝型双低油菜新品种，2000年通过上海市农作物品种审定委员会审定，2001年通过浙江省农作物品种审定委员会审定。

（1）产量表现。1999～2001年浙江省油菜区域试验平均亩产138.55千克，比对照九二-58系增产16.16%，差异极显著。2001年在生产试验中平均亩产为111.1千克，比对照九二-58系增产15.4%。2000年长江下游片区域试验中，平均亩产193.7千克，比中油821增产7.0%。该品种含油量43.4%，芥酸含量＜0.5%，硫苷含量＜22微摩尔/克(饼)。

（2）特征特性。全生育期221天，比九二-58系略长。平均株高160厘米，一次有效分枝8个，单株有效角果400个，每角果粒数20粒，千粒重4克。抗寒性优于普通油菜品种汇油50；抗菌核病和病毒病力比九二-58系略差，但病毒病发病情况明显低于汇油50；耐湿性略差。沪油15可在浙江省种植应用。

（3）栽培技术。

①宜早播，育壮秧。要求9月20日至25日播种，秧田与大田比1∶6，三片真叶期喷150毫克/千克多效唑，或18毫克/千克烯效唑，秧龄期40～45天。

②适时早栽，合理密植。沪油 15 移栽期以 11 月上旬为宜，早栽情况下以每亩 7500 株为宜，一般情况下以每亩 9000 株为宜。

③科学施肥，早发稳长。沪油 15 前期生长缓慢，生长量较小，宜通过肥水管理，即重施基肥或随根肥，早施苗肥和腊肥的方法，促冬壮早发。严格控制薹肥，巧施花角肥。春前和春后用肥比例分别为 75%、25%。

④深沟高畦，治虫防病。移栽后及时清理沟渠，做到“三沟”配套，使排水畅通，减少湿害。在油菜苗期和越冬期宜及时做好蚜虫和菜青虫的防治工作，初花期和盛花期做好菌核病的防治工作。

⑤适时收获。沪油 15 落粒性强，充分成熟时，角果会自然爆裂，当全田 80%左右的角果呈现黄色，主轴大部分角果籽粒呈现黑褐色时进行收获为宜。

7. 沪油杂 1 号

沪油杂 1 号(沪 118A×沪油 15)是上海市农业科学院作物育种栽培所利用隐性上位互作核雄性不育系沪 118A 育成的甘蓝型双低杂交油菜品种。2005 年通过国家农作物品种审定委员会审定，适宜在我国长江中下游的湖北、湖南、江西、上海、浙江等省、直辖市以及江苏和安徽两省的淮河以南地区的油菜主产区种植。

(1) 产量表现。2001～2002 年参加上海市油菜区域试验，平均亩产 142.0 千克，比汇油 50 增产 12.1%，居区域试验第一位。2003 年参加上海市油菜生产试验，平均亩产 145.3 千克，比汇油 50 增产 33.6%，比沪油 15 增产 13.5%。2003～2004 年参加长江中、下游区油菜品种区域试验，长江中游区平均亩产 181.31 千克，比对照中油 821 增产 15.35%；长江下游区平均亩产 182.98 千克，比对照皖油 14 增产 8.19%。2004～2005 年续试，长江中游区平均亩产 158.26 千克，比对照中油杂 2 号减产 1.91%；长江下游区平均亩产 168.53 千克，比对照皖油 14 增产 10.59%。2004～2005 年参加全国油菜生产试验，长江中游区平均亩产 170.58千克，比对照中油杂 2 号增产 7.81%；长江下游区平均亩产 191.38 千克，比对照皖油 14 增产 4.39%。

(2) 特征特性。属甘蓝型半冬性隐性核不育三系杂交种,在长江中游地区全生育期221天左右,比对照中油杂2号晚熟2天;在长江下游地区233.8天左右,比皖油14早熟1天。幼苗半直立,叶淡绿色,裂叶2对,有缺刻,叶缘有锯齿,有腊粉,有刺毛。花瓣较大,呈椭圆形,花色为淡黄色,开花状态侧叠。在长江中游地区株高166.35厘米,长江下游地区158.79厘米,一次有效分枝9个左右,在长江中游地区单株有效角果数326个左右,长江下游地区428个左右,每角粒数21粒左右,千粒重3.80克左右,种子为黑褐色,分枝类型为中(匀)生分枝。田间抗性调查结果:在长江中游地区菌核病平均发病率3.52%、病情指数1.19,病毒病平均发病率0.44%、病情指数0.14;在长江下游地区菌核病平均发病率24.32%、病情指数10.61,病毒病平均发病率14.93%、病情指数6.02。2005年抗病鉴定结果:高抗菌核病,高抗病毒病。抗倒性中等。品质检测结果:在长江中游地区芥酸平均含量0.33%,硫苷平均含量26.19微摩尔/克(饼),平均含油量40.65%;在长江下游地区芥酸平均含量0.33%,硫苷平均含量23.96微摩尔/克(饼),平均含油量41.58%。

(3) 栽培技术。

①适时播种,培育壮秧。9月20日至25日播种,秧田与大田比1∶6,三片真叶期喷150毫克/升的多效唑,或18毫克/升烯效唑,秧龄期40～45天。

②适时早栽,合理密植。移栽期以11月上旬为宜。矮壮苗在早栽情况下以7500株/亩为宜,一般秧以9000株/亩为宜。

③科学施肥,早发稳长。前期生长量较快,必须通过肥水调运促冬壮早发。重施基肥或随根肥,早施苗肥和腊肥,严格控制薹肥,巧施花角肥。春前和春后用肥比例分别为80%、20%。

④深沟高畦,治虫防病。耐湿能力较汇油50差,油菜移栽后需及时清理沟渠,三沟配套,使排水畅通,减少湿害。油菜苗期和越冬期做好蚜虫和菜青虫的防治工作,初花期和盛花期做好菌核病的防治工作。

⑤适时收获,丰产丰收。该品种落粒性特别好,当充分成熟时,角果会自然爆裂。适宜收获期是当全田80%左右角果呈现黄色,主轴大部分角果籽粒呈现黑褐色时。

8. 湘杂油 1 号

湘杂油 1 号是以湖南农业大学官春云院士为主的油菜课题组选育的甘蓝型油菜杂交种。母本是该所选育的双低油菜湘油 11 的自交系,父本 466 是低芥酸品系 81011 的自交系。该品种是 1985 年春配制的杂交组合,经 1986、1987 年两年杂种优势和配合力测定。1995、2004 年分别通过湖南省、浙江省农作物品种审定委员会审定。

(1) 产量表现。在 2001～2002 年浙江省油菜区域试验中,湘杂油 1 号平均亩产 118.4 千克,居参试品种(组合)第二位,比对照浙双 72 增产 8.5%,差异达显著水平;在 2002～2003 年浙江省油菜区域试验中,平均亩产 141.43 千克,居参试品种(组合)第二位,比对照浙双 72 增产 0.88%,差异未达显著水平,是当年唯一的各省油菜区域试验点均增产的参试品种;2003～2004 年浙江省区域试验中,平均亩产 191.95 千克,比对照增产 20.85%,达极显著水平;三年区域试验平均亩产 150.59 千克,比对照增产 10.70%。2003～2004 年浙江省生产试验中,平均亩产 169.2 千克,比对照增产 15.49%。

(2) 特征特性。湘杂油 1 号是甘蓝型半冬性油菜杂交种,苗期长势强,生长快,叶淡绿色,基叶琴形,裂叶 3 对,植株整齐,株形紧凑。开花结角期对低温抵抗力强,田间很少出现分段结角现象,角果着生密,结角层厚。成熟时植株清秀。全生育期平均为 222.8 天,与对照相仿。2001～2004 年三年浙江省区域试验结果显示,该品种株高 155.9 厘米,有效分枝位在 34.5 厘米,一次有效分枝 8.1 个,二次有效分枝 5.8 个,主花序长 61.1 厘米,单株有效角果数 422.3 个,每角实粒数 22.1 粒,千粒重 3.75克。芥酸 0.4%,硫苷 44.24 微摩尔 / 克,含油量 40.73%。抗性经有关专家鉴定,菌核病抗性较对照差,病毒病抗性与对照相仿。

(3) 栽培技术。

①适时早播。移栽油菜适宜的播种期为 9 月下旬至 10 月初,秧龄 40 天左右;直播油菜宜在 10 月中下旬播种。

②合理密植。移栽期以 11 月上旬为宜,种植密度为 7000～9000 株/亩,直播油菜每亩留苗 1.2 万～2.0 万株,早播宜稀些,迟播宜密些。

③科学施肥。湘杂油1号年前生长旺盛，要求重施基、苗肥，基施硼肥，增施磷、钾肥。稳施薹肥，看苗巧施花肥。

④清沟排水。在油菜栽种后要及时开好田内三沟，清理田外沟渠，生长期间要多次清沟理渠，确保排水畅通。

⑤防治病虫害。湘杂油1号叶片大，苗期要早间苗，并做好蚜虫和菜青虫防治。花期要及时摘除植株下部黄老病叶，选准对口农药防治菌核病。

9. 中油杂1号

中油杂1号(中油931)是中国农业科学院油料作物研究所用不育系92159A和恢复系BR14配制的甘蓝型油菜细胞质雄性不育三系杂交种。

(1) 产量表现。该品种在浙江省油菜区域试验中，1999年平均亩产141.8千克，居首位，比对照浙优油2号和九二-58系分别增产12.4%和12.3%，均达极显著水平；2000年平均亩产142.2千克，居第二位，比对照九二-58系增产14.77%，达极显著水平；2001年平均亩产116.7千克，比对照九二-58系增产21.2%，当年即通过浙江省品种审定委员会审定。该品种于1995～1997年湖北省区域试验中平均亩产165.69千克，比对照中油821增产2.87%，达显著水平，居第二位，产油量比对照增加5.02%。1999年通过湖北省品种审定委员会审定。在1997～1999年全国区域试验中平均亩产127.43千克，较双高对照中油821增产4.04%，其中1997～1998年居所有参试品种首位，已于2000年通过国家品种审定委员会审定。该品种含油量为41.3%，芥酸为1.4%，硫苷为29.2微摩尔/克(饼)。

(2) 特征特性。全生育期222.5天，与对照九二-58系相仿，株高164厘米，最低分枝位45.3厘米，一次分枝8.8个，二次分枝7.9个，单株角果数446.4个，每角实粒数16.6粒，千粒重3.8克，属多角果型品种。抗菌核病和病毒病力较强，抗倒性较好。

(3) 栽培技术。

①适时早播。移栽油菜适宜播种期为9月下旬至10月初，直播油

菜宜在10月中下旬播种。

②合理密植。在中等肥力水平下,育苗移栽密度以每亩8000株为宜,当肥力水平较高时,密度可稀些。直播油菜宜适当提高到每亩1.8万株左右。

③科学施肥。宜重施基肥，播种时每亩施复合肥50千克和硼砂1千克;追施苗肥,五片真叶后每亩追施尿素或复合肥15千克左右。基肥未施硼肥的宜苗期和抽薹期补施0.2%的硼肥，即每亩每次用量100～150克。

④防治病害。注意防治菌核病,可于油菜开花后一周喷施菌核净,每亩用量为100克兑水50千克。

10. 中油杂2号

中油杂2号是中国农业科学院油料作物研究所利用秦油2号不育胞质陕2A培育的双低三系杂交油菜新品种。2000年8月通过湖北省品种审定委员会审定,2001年通过国家品种审定委员会审定。

(1) 产量表现。在全国油菜区试中,1998～1999年居参试品系首位,平均比对照中油821增产13.45%;1999～2000年平均比对照增产14.36%。该品种属半冬性中熟甘蓝型油菜品种,商品籽芥酸含量0.90%,硫苷含量20.70微摩尔/克(饼),含油量40.86%。

(2) 特征特性。该品种株高175厘米,有效分枝位40厘米,平均单株有效角果360个,每角粒数17～21粒,千粒重3.6克。抗性与中油821相当,浙江省可引种试种。

(3) 栽培技术。

①适时早播。育苗应在9月中下旬播种,秧田与大田比1∶5,培育大壮苗,但需严格控制苗龄(30～35天),11月上旬移栽。直播宜在10月中下旬播种。

②合理密植。在中等肥力水平条件下,育苗移栽的合理密度为每亩9000株左右;肥力较高时,每亩8000～9000株;直播油菜可适当密植,以每亩1.2万～1.8万株为宜。

③科学施肥。重施基肥,每亩施复合肥50千克,硼肥1千克;移栽成

活后，根据苗势适时追施提苗肥，每亩施尿素 15 千克左右；腊肥春用，在元月底根据苗势每亩施尿素 10 千克。如果底肥没有施硼，应在薹期喷施硼肥，每亩 100～150 克，兑水浓度为 0.2%。

④防治病害。在油菜盛花初期和终花期，每亩用 70%托布津可湿性粉剂 100 克，或 25%使百克乳油 30 毫升，兑水 40 千克喷雾防治菌核病。

11. 中油杂 11 号

中油杂 11 号系中国农业科学院油料作物研究所用不育系 6098A 与恢复系 R6 配组的三系杂交油菜品种，原代号为希望 98。2004 年通过湖北省农作物品种审定委员会审定，2005 年通过国家农作物品种审定委员会审定。该品种适宜在四川、贵州、云南、重庆、湖南、湖北、江西、浙江、上海等省、直辖市以及安徽和江苏两省的淮河以南地区、陕西省汉中地区的冬油菜主产区种植。

(1) 产量表现。2003～2004 年参加长江上游区油菜品种区域试验，平均亩产 167.84 千克，比对照油研 7 号增产 20.35%；2004～2005年续试，平均亩产 152.93 千克，比对照油研 7 号增产 3.22%；两年区域试验平均亩产 160.39 千克，比对照油研 7 号增产 11.53%。2003～2004 年参加长江中游区油菜品种区域试验，平均亩产 197.6 千克，比对照中油 821 增产 25.71%；2004～2005 年续试，平均亩产 162.03 千克，比对照中油杂 2 号增产 0.43%；两年区域试验平均亩产 179.82 千克。2003～2004 年参加长江下游区油菜品种区域试验，平均亩产 189.36 千克，比对照皖油 14 增产 11.97%；2004～2005 年续试，平均亩产 179.99 千克，比对照皖油 14 增产 18.11%；两年区域试验平均亩产 184.68 千克，比对照皖油 14 增产 14.88%。2004～2005 年参加生产试验，长江上游区平均亩产 141.8 千克，比对照油研 7 号增产 7.79%；长江中游区平均亩产 168.08 千克，比对照中油杂 2 号增产 6.23%；长江下游区平均亩产 203.28 千克，比对照皖油 14 增产 10.89%。

(2) 特征特性。属甘蓝型半冬性细胞质雄性不育三系杂交种，全生育期在长江上游及中游地区为 222 天左右，长江下游地区为 231 天左右。子叶长度、宽度中等，苗期半直立，叶色深暗绿，顶裂叶片中等大，裂叶4对以上，叶片边缘波状；花瓣黄色，花瓣长度中等，宽度较宽，呈侧叠状。株高175厘米，分枝部位45厘米，分枝11个。单株有效角果数340个，每角粒数20粒，千粒重3.6克。田间抗性调查结果：在长江上游地区菌核病发病率2.27%、病情指数0.99，病毒病发病率0.7%、病情指数0.24；长江中游地区菌核病发病率6.57%、病情指数2.83，病毒病发病率0.83%、病情指数0.35；长江下游地区菌核病发病率26.04%、病情指数16.01，病毒病发病率20.43%、病情指数9.46。2005年抗病鉴定结果：中感菌核病，中抗病毒病。抗倒性中等。品质检测结果：在长江上游地区平均芥酸含量0.27%，平均硫苷含量18.38微摩尔/克(饼)，平均含油量44.95%；长江中游地区平均芥酸含量0.27%，平均硫苷含量18.68微摩尔/克(饼)，平均含油量44.88%；长江下游地区平均芥酸含量0.27%，平均硫苷含量19.33微摩尔/克(饼)，平均含油量44.20%。

(3) 栽培技术。

①选用质量合格的种子。

②适时早播，合理密植。育苗移栽于9月中旬播种，苗龄30～35天移栽，每亩栽0.9万株；直播于9月下旬播种，每亩定苗1.2万～1.5万株。

③科学施肥。底肥氮肥应占总施肥量的70%，氮、磷、钾配合施肥。底肥一般每亩施复合肥70千克，苗肥、薹肥一般每亩追施尿素15千克和10千克。注意底肥必施硼肥，每亩施硼砂0.5～1千克，并在薹期喷施0.2%的硼砂溶液。

④注意防治病虫害。重点防治好蚜虫、菜青虫和菌核病，初花期后一周内，每亩用100克灰核宁兑水50千克喷施，防治菌核病。

12. 华杂4号

华杂4号是华中农业大学育成的甘蓝型双低三系杂交种，其不育系为1141A，恢复系为恢91-5900。

(1) 产量表现。1996～1997年参加湖北省油菜区域试验，平均亩产177.47千克，比中油821增产10.18%，1998年通过湖北省农作物品种审定委员会审定。1997～1998 年参加河南省区域试验，平均亩产 129.0 千克，比原双高对照品种增产 6.9%，1999 年通过河南农作物省品种审定委员会审定。1997～1998 年参加安徽省区域试验，平均亩产 116.38 千克，比原双高对照品种增产 8.34%，2000 年通过安徽省农作物品种审定委员会审定，并于 2001 年 5 月通过国家农作物品种审定委员会审定。大面积生产中一般亩产 150 千克，高产田块亩产超过 200 千克。

（2）特征特性。单株有效角果数 320～450 个，每果籽粒 16～19粒，千粒重 3.2～4.1 克。该品种芥酸含量 0.39%～1.54%，硫苷含量 22.45～29.51微摩尔/克，油分含量 36.35%～41.2%。抗寒能力强，抗病毒病、耐菌核病能力中等。生育期与中油 821 相当。浙中、浙南等地区可引种种植。

（3）栽培技术。

①适时早播。育苗移栽于 9 月下旬播种，11 月上旬移栽；直播于 10 月上中旬播种，密度为每亩 1 万株左右(肥地可降低至 8000 株)。

②培育壮苗。苗床施用有机肥混合磷（30～40 千克过磷酸钙）、硼(0.5～0.75 千克)作底肥，土壤肥力不足的苗床，每亩可撒 2 千克尿素作面肥，苗床要及时间苗，三叶期可喷施多效唑溶液(100～150 毫克/千克)，有利于培育矮壮苗。

③科学用肥。大田要施足基肥，特别要注意增施磷肥(每亩过磷酸钙 30～40 千克)、硼肥(每亩 0.5～0.75 千克硼砂)和有机肥作基肥。苗肥宜早、宜重，即追肥量的 70%在冬前施用，以促早发。

④清沟排渍。注意防治蚜虫、菜青虫，年后还要注意防治油菜菌核病。

13. 皖油 18 号

皖油 18 号是安徽省农业科学院作物研究所用不育系 9012A 与恢复系 8904 配制的三系杂交油菜品种。2002 年通过国家农作物品种审定委员会审定。该品种适宜于长江下游两熟制油菜产区种植。

（1）产量表现。1998～2000 年参加全国长江下游区区域试验：1998～1999 年平均亩产 180.0 千克，较对照中油 821 增产 11.7%；

1999～2000 年平均亩产 206.83 千克，较中油 821 增产 14.23%；两年平均亩产 193.42 千克，较中油 821 增产 13.06%。2000～2001 年生产试验，平均亩产 147.1 千克，较中油 821 增产 10.21%。

(2) 特征特性。该品种属半冬性甘蓝型油菜，全生育期 225 天左右。春前苗期生长相对缓慢，春后生长加快。株高 150 厘米左右，幼苗半直立，叶色深绿。花瓣较大，覆瓦状，黄色，角果直立。一般一次有效分枝 7～9 个，二次分枝 6～7 个，全株有效角果数 430～500 个，每角粒数 17～21 粒，千粒重 3.5 克左右，抗倒耐肥，抗(耐)病性较强。硫苷含量 28.54 微摩尔 / 克，芥酸含量 4.92%，粗脂肪含量 43.04%。

(3) 栽培技术。

①早播早栽。播种期应比当地甘蓝油菜正常播种早 5 天左右，进行年前秋发，年后高产早熟。

②重施底肥，早追苗肥，增施磷、钾、硼肥。每亩产 200 千克施肥标准为纯氮 17.5 千克，磷、钾减半，全部底施，氮肥以总肥量的 50%作底肥，30%作年前苗肥，20%作蕾薹肥，在年后抽薹前施肥。切忌薹期偏施化学氮肥。缺硼田块每亩底施 0.75～1 千克硼肥，如遇长期干旱天气，在蕾薹期再喷施一次。

③开好三沟，防止水渍，注意及时防病治虫除草。

④连片种植，单收单贮，以保证生产出合格的双低商品油菜子。

⑤二代不能留种。

四、双低油菜生产技术

（一）免耕栽培

油菜免耕栽培是指晚稻收割后未经翻耕整地直接栽种油菜的栽培方式，故又称稻板油菜或板田油菜。随着农村劳动力的转移，劳力和季节的矛盾日益突出，对减轻油菜劳动强度，降低油菜生产成本的要求更加迫切，因此油菜免耕栽培应运而生，其应用面积不断扩大，1989 年浙江省免耕栽培面积占 59.4%，2006 年达到 90%左右。浙江省油菜免耕栽培主要有免耕移栽和免耕直播两种方式。

1. 免耕栽培的优点

据各地调查，与翻耕油菜相比，油菜免耕栽培具有以下优点：

(1) 有利于早活早发，保证农时季节。稻板油菜能错开秋收冬种的农活，变晚栽为早栽。有早茬口的地方，种麦前可以抢先栽一部分油菜，另一部分油菜田可以边种麦边种油菜，不但避免了麦油争时的矛盾，还可将移栽季节提早，有利于早活棵。由于稻板油菜不打乱土层，表土层土壤肥力较高，足墒移栽，一般可以不浇或少浇活棵水，比同时移栽的翻耕油菜早活 3 天左右。试验结果显示，在移栽期相同的条件下，稻板油菜的绿叶数为 8.96 张，比翻耕油菜多 1.75 张。如移栽前后干旱，比起翻耕油菜稻板油菜的早活早发更为明显。稻板油菜可以获得冬前较多的光温资源，有利于培育冬前早发壮苗，为高产奠定基础。

(2) 有利于省工节本。稻板油菜不仅可节省翻耕整地的用工(每亩节约 1.5 工)，而且可以集中劳力进行秋收冬种。

(3) 适宜的土壤条件较宽。稻板油菜不像翻耕油菜，一定要在土壤田间持水量为40%～60%时才适宜翻耕、整地、开行种植，而是在晚稻收割后，只要田不陷脚即可栽种。

(4) 土壤理化性状好，有利于抗灾夺高产。稻板油菜可以利用前作残茬来保护土壤，减少雨水对表土的侵蚀，同时稻板油菜田多余的水分可以通过表面径流，很快排出田外，而翻耕油菜多余水分大部分储存在土壤大孔隙中，易引起渍害。在干旱年份，稻板油菜可以通过毛细管，源源不断地将土壤下层的水分输送到油菜根部，因而活棵快，成活率高。土壤有机质分解缓慢持久，有助于团粒结构形成。越冬期稻板油菜田在5～10厘米土层内，土温比翻耕油菜高0.2～2.0℃，能提高油菜抵御低温冻害的能力。

2. 免耕油菜的技术要点

免耕栽培在烂冬年份易发生渍害，导致根系生长不良；晚稻田遗留的老杂草较多，油菜栽种后易滋生杂草，发生草荒现象。因此，油菜免耕栽培必须采取配套措施才能获得高产，重点要抓好防渍害、防草荒和促早发3项技术措施。

(1) “三沟”配套防渍害。“三沟”是指主沟、围沟和畦沟。一般在晚稻搁田时，在田中开一条十字形主沟和田四周的围沟，以排去田水，力争燥田或湿润田栽种。开畦沟有两种方法：燥田在栽种前按1.5～1.8米的畦宽进行机械开沟，畦沟两头较浅的地方要人工挖深；在烂冬年份，可抢季节先栽种油菜，预留畦沟位置，待油菜成活后，每2～4行油菜开一畦沟，提倡狭畦深沟。这样的“三沟配套”加上冬季清沟培土，土壤排水畅通，可防止渍害的发生。

(2) 综合防治杂草。晚稻收获后，用草甘膦、农达等除草剂扑杀田间老杂草。油菜栽后苗期，用锄头进行中耕除草，疏松土壤，将杂草根茎切断，一般苗期视情中耕2～3次。对以禾本科杂草为主的直播油菜田，用精禾草克、盖草能等除草剂防除；对以阔叶草为主的油菜田，用高特克、好实多等除草剂防除。

(3) 提高移栽质量促早发。旱冬年份以开穴栽种为主，烂冬年份采取开浅槽，按株距将秧苗根系理直放置，防止出现弯根或架空现象，并随栽随施以肥泥、磷肥、钾肥和硼肥等配合起来的压根肥。天气晴燥时要及时施好活棵肥，促进油菜早发。

（二）保 纯

1. 影响双低油菜纯度和品质的因素

在双低油菜生产中，生产环境、田间操作不当等多种因素会影响双低油菜的纯度和品质。

（1）生物学。油菜为常异花授粉作物。根据对各种类型油菜自然异交率的测定，白菜型品种的自然异交率高达 80%～90%，甘蓝型和芥菜型品种的自然异交率为 10%～30%。生物学混杂是造成生产上双低油菜纯度和品质下降的主要原因。造成生物学混杂的主要原因有两种：一是昆虫传粉，以蜜蜂为主。据观察，蜜蜂每天能出巢几十次，每分钟能在 30 余朵花上采蜜，其飞翔半径一般达 1500 米，高度达 1000 米左右。二是风力传粉。据研究，风能把油菜花粉吹到 40 米以上的高空，并散落到 500 米以远的地面。

（2）机械混杂。油菜种子小而圆滑，在收、脱、运、晒、藏等作业环节易造成机械混杂。施用混有异品种种子而未经充分腐熟的厩肥或堆肥，田间、地埂的自生油菜都会造成机械混杂。据贵州省油料作物科学研究所侯国佐等研究，将油菜子在旱地埋藏 1.5～2 年，甘蓝型、白菜型、芥菜型油菜的发芽率分别为 0%～4.3%、4.2%～5.0%与 19.3%～29.2%。

（3）自然突变。油菜突变是绝对的。油菜植株个体的性状在各种条件影响下可能发生突变，突变的产生和积累，也可使原品种的性状产生变异。

2. 双低油菜保纯的技术措施

（1）采取隔离保纯。

①空间隔离。在隔离区的田周围一定距离内不种植能引起生物学混

杂的十字花科作物。关于隔离的距离，据现有的研究结果显示，空间隔离距离应保持在600～1000米，这样才能保证双低油菜的纯度和品质。

②时间隔离。把隔离区油菜的播种期和区外正常油菜或其他十字花科作物的播种期错开，以花期错开达到隔离的目的。

③屏障隔离。包括自然屏障和人工屏障。前者如四面环山的丘地和沿湖地区的滩地、岛屿，后者如套袋隔离、纱罩隔离、网室隔离、温室隔离等。

(2) 采取集中连片种植保纯。双低油菜大面积生产中，常采取集中连片种植保纯。以村、乡镇，甚至县为单位，搞好双低油菜种植区域规划。以县为单位，确定1～3个主导双低油菜品种，统一供应种子，集中连片种植，确保双低油菜纯度。

(三) 育 秧

1. 壮秧的标准

“秧好三分收，秧差一半丢”，这个农谚形象地说明了培育壮秧的重要性。在同样栽培管理条件下，壮秧比瘦秧增产20%以上。壮秧之所以能获得高产，其主要原因是：壮秧营养体大，干物质积累多；壮秧移栽后成活快，抗逆能力强，死苗少；壮秧移栽后出叶速度快，光合作用强，制造营养多，有利于实现大壮苗越冬，为高产打好基础。

据浙江省油菜高产单位的经验，亩产180千克以上的高生产水平对壮秧的要求是：秧苗矮壮，根颈粗，根系发达，白根多，有绿叶5～6片，苗高16～20厘米，秧龄适当无高脚，叶色深绿无病虫。

2. 培育壮秧的技术措施

(1) 选好留足秧地。油菜秧苗在苗床有40～50天，要育好壮秧必须按秧田与大田1∶5的比例，选好留足秧地。油菜秧地应选择避风向阳、土质疏松肥沃、排灌方便、病虫少、远离蔬菜地的田块。秧地选好后要先翻耕晒白，施足基肥，一般每亩施厩肥750～1000千克，磷肥25千克。然后精细整地，做成1.4～1.6米宽的畦，畦面平整或略成馒头形，土壤细碎，上松下实。

（2）适期播种。要选择结实饱满、无病虫的双低油菜种子，播前经过筛选、晒种。

播种期要根据品种特性、茬口、气温等条件确定，适期早播对高产至关重要。据桐庐县农技推广中心不同播种期试验研究，双低油菜华杂4号移栽时，随着播种期的提早，移栽大田成活后出叶速度加快，单株绿叶数多(见表9)；产量随播种期提早而增加，9月8日、9月15日、9月22日、9月29日播种的油菜亩产分别为230.0千克、183.5千克、138.5千克、131.5千克，9月8日、9月15日播种的产量与9月29日播种的产量差异达极显著水平，9月22日播种与9月29日播种的产量差异未达显著水平(见表10)。浙江省移栽油菜播种期一般为9月中下旬，每亩播种量为0.5千克左右；若前作茬口早，可开展油菜秋发栽培，选用迟熟品种，播种期可提早到9月上旬，每亩播种量为0.4～0.5千克。播后每亩浇施稀释1倍以上的人粪尿750千克盖籽。如天旱要盖稻草保湿，但出苗后应及时揭开，以防出现高脚苗。

直播油菜产量与播种期密切相关，在一定的播种时间范围内，随着播种期的推迟，产量逐渐下降。据海宁市、龙游县直播油菜不同播种期试验结果显示，尽管1998年3月19～20日遭受春雪冻害，直播油菜产

表9　不同播种期油菜移栽后大田叶片生长情况

播种期（月–日）	移栽期（月–日）	成活期（月–日）	成活后绿叶数（片）	11月10日绿叶数（片）	12月25日绿叶数（片）	成活至12月25日出叶速度（叶/天）
09–08	10–08	10–15	4.5	8.7	14.6	0.142
09–15	10–15	10–21	5.0	7.9	13.3	0.128
09–22	10–22	10–28	4.2	5.8	10.8	0.114
09–29	10–29	11–04	4.0	4.4	7.1	0.061

表10 油菜不同播种期产量比较

播种期（月-日）	亩产（千克/亩）	差异显著性	
		5%	1%
09-08	230.0	a	A
09-15	183.5	b	B
09-22	138.5	c	C
09-29	131.5	c	C

量受到一定程度的影响，但从产量结果也可看出不同播种期对产量的影响趋势，10月16日播种的产量最高，平均亩产112.7千克；11月6日播种的平均亩产90.6千克，虽只比11月13日播种的提早7天，但比起11月13日播种的平均亩产71.3千克，增产19.3千克，差异极显著，且海宁点、龙游点表现一致(见表11)。这说明11月6日是直播油菜播种的临界期。所以，直播油菜要在晚稻收获后抢季节早播，浙中、浙南地区杂交晚籼稻茬口，一般在10月中旬至下旬前期播种，播种量为0.15～0.25千克；浙北晚粳稻茬口，一般在10月底至11月上旬播种，播种量为0.2～0.3千克。直播油菜按播种方式可分为人工直播和机械直播两种。人工直播时要分畦定量，为确保播种均匀，每亩油菜种子与1～2千克细肥泥拌匀后播。人工播种后要立即机械开沟，碎土覆盖。

表11 直播油菜不同播种期产量

播种期（月-日）	海宁点（千克/亩）	龙游点（千克/亩）	平均值（千克/亩）	差异显著性	
				5%	1%
10-16	120.5	104.9	112.7	a	A
10-23	118.3	81.2	99.8	b	AB
10-30	116.7	77.8	97.3	b	AB
11-06	106.7	74.4	90.6	b	B
11-13	85.0	57.5	71.3	c	C
11-20	83.3	54.1	68.7	c	C

油菜机械直播是指晚稻收获后通过油菜播种机直接播种油菜种子的栽培方法，比人工直播更省工节本。人工播种、开沟需用工3工/亩，以25元/工计算，用工成本为75元/亩，机械直播成本40元/亩，比人工直播节省成本35元/亩；机械直播作业速度快，生产效率高，缓和了劳力与季节矛盾；机械直播为条播方式，与手工撒的直播相比，便于施肥、松土、除草等农事操作，也有利于田间通风透光，减轻病害。浙江省油菜机械直播主要采用230油菜精量播种机和2BG-6B型油菜直播机。

浙江省嘉兴市秀洲区、桐庐县、富阳市等地从上海引进230油菜精量播种机，开展油菜机械播种试验、示范，取得了较好效果。该机以上海50型拖拉机作动力，一次性完成开沟、碎土、播种、覆土等工序，机播幅宽2.3米，每畦条播油菜种子6行，行间距38厘米。单行每米播子量30粒左右，每亩播种量0.2～0.25千克，作业效率7～8亩/小时。230油菜精量播种机的推广应用，有利于农户特别是种粮大户扩大油菜种植面积，减少冬闲田。如2005年嘉兴市秀洲区新塍镇高家桥村种粮大户锄建华承包经营的周边农户的冬闲田，免耕机械直播油菜面积达100亩，并采用机械收获，平均亩产160千克。

2BG-6B型油菜直播机是由江苏省镇江市农机技术推广站研制，与东风-12型手扶拖拉机配套，前有浅旋耕装置，可松土埋茬。能一次完成旋耕碎土、开沟、播种、施肥、覆土等多道工序，边播种边施肥，播种量可按用户要求调节，最小可调到每亩播种0.15千克，实现了油菜精量播种，作业效率为3～5亩/小时。种子与复合肥一起播下，播3行，行距40厘米，播后覆土。

播种后覆盖稻草，不仅能遮阴保湿，促进早出苗，而且能抑制杂草生长，冬季护根保苗，对提高直播油菜的产量有一定作用。据湖州市、德清县、嘉兴市秀洲区试验结果显示，免耕直播油菜播种后每亩分别覆盖稻草200千克、400千克，平均亩产分别为134.1千克、129.9千克，分别比不覆盖稻草的对照增产12.2%、8.7%(见表12)。

表12　直播油菜不同稻草覆盖量产量比较

稻草覆盖量（千克/亩）	湖州（千克/亩）	秀洲（千克/亩）	德清（千克/亩）	平均（千克/亩）	比对照±(%)
200	138.0	163.4	101	134.1	12.2
400	131.0	176.7	81.9	129.9	8.7
0(对照)	119.5	152.0	79.6	119.5	/

（3）苗床管理。

①间苗、定苗。油菜出苗后，常密集、相互拥挤。若不及时间苗，会形成高脚苗和瘦苗。因此，间苗要早，做到一片真叶不搭苗，二片真叶不挤苗，三片真叶要定苗。间苗时做到去密留稀、去弱留强、去小留大、去杂留纯、去病株留健株。一般每平方米留苗 140～160 株，每亩有 7 万～8 万株健壮的秧苗，可移栽 6～7 亩大田。

直播油菜田，播种期和种植密度对产量有较大的影响。据东阳市农业局试验结果显示，从播期与种植密度的互作效应可看出（见下图），10 月 25 日早播时，产量与种植密度成反比，低密度（1.5 万株 / 亩）产量最

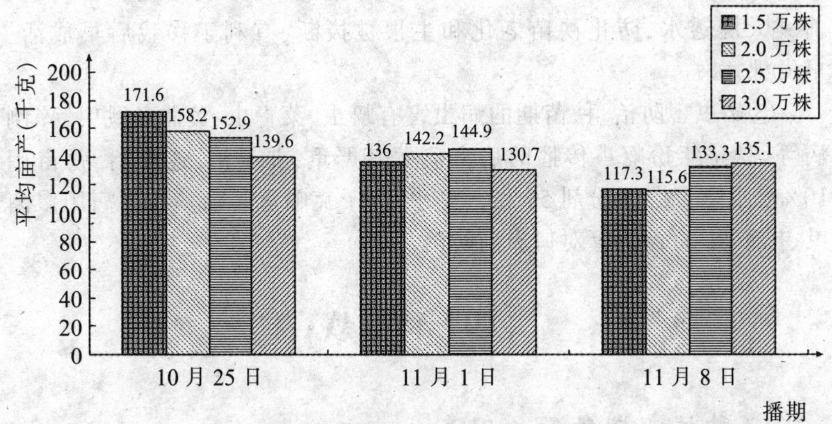

不同播期与种植密度处理组合产量

高，平均亩产为171.6千克；11月1日播种时，产量以中等密度(2.0万株/亩、2.5万株/亩)较高，平均亩产分别为142.2千克、144.9千克；11月8日迟播时，产量随着密度增加而提高，以高密度(3.0万株/亩)最高，平均亩产为135.1千克。播期和密度处理组合中，以10月25日播种、每亩种植1.5万株产量最高，平均亩产为171.6千克；以11月8日播种、每亩种植2.0万株的产量最低，平均亩产为115.6千克。所以，在浙江省直播油菜生产上，播种期与种植密度是相互联系、相互影响的，生产上要掌握“早播宜稀，迟播宜密”的原则。一般10月15日至10月25日早播的田块，每亩留苗1.5万～2万株；10月25日至11月10日播种的田块，每亩留苗2.0万～2.5万株；11月10日以后迟播的田块，每亩留苗2.5万～3万株。

②及时浇水施肥。油菜秧苗期一般气温较高，生长发育快，如不及时追肥，易发生小苗和僵苗。要根据幼苗在三叶期前生长缓慢、四叶期后生长较快的生育特点，掌握前期适当促、后期促控结合的原则，合理追施肥水。在一片真叶期时，根系小，吸肥能力弱，一般用薄肥轻泼浇；三片真叶期时施一次催苗肥，每亩用腐熟人粪尿300千克或碳酸氢铵7.5千克冲水浇施。五叶期后，植株体内含水量、含氮量下降，含糖量和干物质增加，因此，肥水应适当控制，防止徒长，形成老健壮苗。拔秧前一天浇透水，防止秧苗老化和主根被拔断，有利于移栽后早成活，早发棵。

③病虫害防治。秧苗期的病虫害有蚜虫、菜青虫、黄曲条跳甲、猝倒病等。秋旱年份蚜虫传播的病毒病尤其严重，要早治、连续治，每亩用10%吡虫啉可湿性粉剂50克，兑水50千克喷雾防治。猝倒病用多菌灵、托布菌、百菌清等对口农药防治。

(四)移　栽

1. 种植密度的影响因素

双低油菜的种植密度在不同地区、不同条件、不同管理水平条件下

有所不同,确定密度时需考虑以下几方面:

(1) 土壤和水肥条件。在土壤肥沃、深厚,便于灌排、施肥水平较高的情况下,植株生长繁茂,种植密度可较低;相反,种植密度宜较高。

(2) 播种期。早播早栽的双低油菜,生长条件好,植株高大,密度宜稍低;迟播迟栽的田块,个体小,要提高种植密度,使每亩群体获得较多的角果数,同样可获得较高产量。

(3) 品种特性。一般早、中熟品种比晚熟品种植株小,密度应提高。晚熟品种密度可适当降低。

(4) 气候条件。气温高、雨量多的地区植株生长旺盛,密度宜稀;寒冷、少雨地区生长条件差,种植密度宜密。

2. 移栽时间与密度

(1) 油菜地选择与整地。选择距十字花科蔬菜地和高芥酸、高硫苷油菜田600米以外,土壤肥力较好的稻田或旱地。旱地在前作收获后深翻25～30厘米,耙平耙细,除去十字花作物自生苗,南北向开畦,畦宽160～170厘米,畦沟沟宽30厘米,深20厘米,在四周开好排水沟。水稻田稻茬免耕移栽,每畦栽4行油菜,畦面宽160～170厘米,畦沟宽25厘米;每畦栽2行的"双龙"栽培法,畦面宽60～70厘米,畦沟宽25厘米,此栽培法狭畦高垄,排渍效果较好。栽前开好畦沟、腰沟和围沟,畦沟深25厘米,腰沟、围沟深30厘米。

(2) 移栽时间。晚稻收获后要抢早移栽,力争早发。浙江省一般移栽时间为10月中旬至11月中旬,前作杂交晚籼稻的地区移栽较早,前作晚粳的地区移栽较迟。

(3) 栽植规格。按宽窄行方式栽培,宽行40～45厘米,窄行30～35厘米,窄行排在畦边,宽窄行相间种植,株距16～20厘米。种植密度根据移栽季节和土壤肥力而定,早栽的肥田,每亩栽6000～8000株,迟栽的瘦田,每亩栽8000～10000株。油菜秧苗按大小、壮弱分批选拔,分批移栽。不栽隔夜秧,不拔露水秧,不栽曲颈秧。栽种时秧根要放直,棵要正,揿实秧根四周泥土,提高成活率。

（五）除　草

1. 油菜田的杂草类型

浙江省油菜田里的杂草，根据农田类型的不同大致分为稻茬油菜田杂草和旱茬油菜田杂草。在稻茬油菜田，发生的主要杂草有看麦娘、日本看麦娘、棒头草、牛繁缕、雀舌草、稻槎菜、碎米荠等杂草。在旱茬油菜田，发生有猪殃殃、大巢菜、波斯婆婆纳、粘毛卷耳和野燕麦等杂草。

冬油菜田的杂草发生高峰主要在冬前，一般于10～11月气温较高，杂草种子易萌发生长。10月～次年1月，直播油菜播种出苗，移栽油菜刚移栽大田，油菜秧苗较小，田间空隙较大，杂草发生量大，草害常造成油菜瘦苗、弱苗和高脚苗，对油菜生长和产量影响较大。春季虽还有一个小的出草高峰，但此时油菜已封行，影响较小。

2. 油菜田的除草技术

(1) 农业防治。

①合理轮作。通过油菜与大、小麦轮作，降低翌年油菜田杂草的发生基数。

②合理密植。油菜要合理密植，促其早发，及早封行，发挥油菜群体的竞争优势，压制杂草。油菜生长前期适量增施氮肥，增强油菜对杂草的竞争力。

③中耕除草。免耕稻板油菜要早中耕，勤中耕，以改善土壤通透性，提高土壤温度，消灭杂草。故农谚说“冬季松次土，好比上次肥”。一般要求中耕2～3次，成活返青后第一次中耕，要浅锄，松动根系周围土壤，填塞土缝，以后中耕可适当深锄，以提高除草效果。

④施用腐熟有机肥料。油菜田施用有机肥料类型较杂，有家畜粪便、垃圾、肥泥等，其中往往含有大量的杂草种子。因此，必须将这些有机肥料经过50～70℃堆沤处理，使其彻底腐熟，以杀死杂草种子。

(2) 化学除草。

①种前除草。对晚稻收获后老杂草较多的田块，在直播油菜播种前或移栽油菜栽前1～3天，用10%草甘膦水剂250～300毫升，兑水50千克，再加少量洗衣粉拌匀喷雾，扑杀老杂草。

②禾本科杂草防除。对以禾本科杂草为主的油菜田，在杂草二至三叶期，每亩用30%双草净乳油80～100毫升，兑水30～40千克喷雾防除；在杂草三至四叶期，每亩用5%精禾草克乳油45～50毫升，或5%高效盖草能乳油50毫升，兑水30～40千克喷雾防除。

③阔叶草防除。对以阔叶草为主的油菜田，在杂草二至三叶期，每亩用50%高特克悬浮剂30～40毫升，或30%好实多50毫升兑水30～40千克喷雾，也可与防除禾本科杂草的除草剂混用，以提高除草效果。

（六）施　肥

1. 双低油菜对肥料的需求规律

（1）氮。双低油菜各器官的形成和发育都离不开氮元素。双低油菜缺氮，则长势不旺，叶片瘦小，叶色变淡，植株矮小，分枝少，角数、粒数减少，产量低。

双低油菜吸氮量因品种类型、产量高低、施肥技术不同而有所不同。甘蓝型油菜由于植株含氮量高，每生产100千克吸氮量要比白菜型油菜多；甘蓝型迟熟品种需氮量要比早熟品种多。在亩产100～150千克生产水平时，甘蓝型油菜每生产100千克油菜子需吸收氮素8.8～11.6千克，平均需吸收氮10.1千克，其中种子占5.1千克，根、茎、叶、花、角壳占5.0千克。可见，双低油菜对氮素的吸收量是很大的，而且所吸收的氮素约一半都能贮存到种子中。

（2）磷。磷可以增强细胞原生质的粘性和弹性，促进根系发育，因而能增强双低油菜抗寒、抗旱能力，并能促进种子早熟，提高种子含油量。油菜缺磷时，根系发育不良，叶片变小，叶肉变厚，叶色深绿而灰暗，缺乏光泽。

双低油菜对磷素的反应虽很敏感，但需要量却不如氮和钾高。据测定，在亩产100～150千克生产水平时，双低油菜每生产100千克油菜子约需吸收磷素3.0～3.9千克，平均需吸收磷素3.4千克，其中种子占2.3千克，根、茎、叶、花、角壳占1.1千克，所吸收的磷素大多贮存在种子中。

（3）钾。钾对碳水化合物的合成与转运起着重要作用，又能促进植株对氮素的吸收利用，有利于蛋白质的合成。同时，钾还能提高细胞液浓度和渗透压，从而增强植株的抗寒性。

在亩产100～150千克生产水平时，双低油菜每生产100千克油菜子约需吸收钾素8.5～10.1千克，平均需吸收钾素9.4千克，其中种子占2.0千克，根、茎、叶、花、角壳占7.4千克。可见，双低油菜对钾素的吸收量是很大的，但所吸收的钾素只有少量贮存到种子中。

（4）硼。双低油菜生长发育需要硼、钼、锰、锌等多种微量元素，但对生长发育影响较大的是硼。硼不是油菜植株体内有机物的组成部分，但在油菜的生理代谢中具有重要作用。硼可以增强油菜的抗旱、抗寒和耐病性，增强油菜茎、叶等器官的光合作用，促进碳水化合物的正常运转。硼供应充足时，生长发育健壮，生机旺盛，根系发达，枝叶繁茂，结角多，籽粒饱满。双低油菜缺硼时植株生长矮小，在花期出现只开花不结实的病状，称“花而不实”症或“萎缩不实”病。严重缺硼时，病株在苗、薹期就萎缩死亡。

2. 双低油菜的施肥技术

（1）施肥原则。

①有机肥与化肥相结合。有机肥料含有较全面的营养物质，分解慢，肥效长。施用有机肥料可以增进地力，改良土壤理化性状，提高土壤微生物的活性。因此，有机肥较能满足双低油菜生育期长的需肥特点，是双低油菜丰产的重要基础。化学肥料成分较单一，肥效快，能够按照不同土壤养分的丰缺状况和双低油菜不同生育期对肥料的要求，及时弥补有机肥料的不足。有机肥料与化肥相结合，有利于双低油菜正常生长发育，从而获得油菜子稳产高产。

②基肥与追肥相结合。双低油菜生长期长，需肥量大，所以应当重

视基肥的施用。如果基肥不足,苗期发育受阻,即使大量追肥,也难使油菜的营养生长良好。如果施足基肥,不及时追肥,也会导致双低油菜生长中期不健壮,后期脱肥而早衰。浙江省各地油菜施肥经验表明,基肥与追肥的比例,应当由土壤肥瘦、肥料质量和施肥数量而定。第一,瘦地应多施基肥,并以有机肥料为主,有利于改土、促苗、早发。第二,施肥量大的基肥宜多施。一般基肥占施肥量的40%,在浙江省以堆肥、塘泥、土粪为主,并拌入适量化学肥料。第三,苗期追肥不宜过浓,以免烧苗或养分流失,后期追肥不宜过晚,以免徒长、贪青、倒伏。

③根据土壤类型,合理施用肥料。一般沙性较重的土壤,基肥以缓效性有机肥配合泥肥为主,追肥应勤施,少施速效肥。粘土的基肥以腐熟的有机肥为主。酸性土壤上,油菜易受pH低以及铝、铁、锰离子的毒害,根系发育被抑制,地上部生长不良,所以基肥中应配施石灰,追施腊肥可配合草木灰等碱性肥料。

(2) 双低油菜各生育期对肥料的需求。双低油菜是需肥较多的作物,但在不同的生育阶段对各种营养元素有不同的需要量。全生育期氮、磷、钾的吸收比例为1∶0.5∶1。

①秧苗期(播种到移栽)。吸收的氮、磷、钾较少,分别占全生育期吸收量的7.2%、2.2%与5.6%。

②苗期(移栽到现蕾期)。以营养生长为主的时期,需肥量增多,尤其是氮肥,此期间吸收的氮、磷、钾分别占全生育期的36.7%、17.8%、18.6%。

③蕾薹期(现蕾期至初花期)。营养生长和生殖生长并进的时期,此期间吸收的氮、磷、钾达最高峰,分别占全生育期的45.8%、21.7%和54.1%。

④花期至成熟期。生殖生长最旺盛的时期,吸收磷素最多,此期间吸收的氮、磷、钾分别占全生育期的10.3%、58.3%和21.7%。

(3) 施肥技术。

①施足基肥。一般以农家肥料(厩肥、猪牛栏粪等)为主,配施磷、钾肥及少量氮肥。高产田块基肥施用量占总施肥量的50%以上。施肥水平中等的地区,基肥比例适当降低一些,占总施肥量的30%~40%。如有机肥料较多时,可结合整地时施用,量少时可以将有机肥、人畜粪及磷、

钾肥混合沤制，移栽时作随根肥，或塞根肥，促使早发根。种植双低油菜时，基肥中必须加入 1 千克硼肥，以满足双低油菜对硼素的需求。

②早施苗肥。苗期是油菜植株一生中含氮量最高的时期，因此，苗肥要早施，促进菜苗早发。对移栽油菜，移栽后立即施淋根提苗肥，每亩施稀薄人粪尿 500～750 千克，以利于秧苗早成活。隔 7～10 天施一次促苗肥，每亩施碳酸氢铵 7.5～10 千克。12 月上旬再施一次促苗肥，每亩施尿素 5千克。

据浙江省农业厅农作物管理局试验研究，免耕直播油菜在总氮肥施用量折纯氮 16 千克的条件下，前促施肥法(基肥∶苗肥∶腊肥∶薹肥 =30∶35∶15∶20)比后攻施肥法(基肥∶苗肥∶腊肥∶薹肥∶花肥 =20∶20∶15∶35∶10)增产 17.2%。因此，直播油菜在足施基肥的基础上，出苗后要加强苗期管理，早施、勤施、重施苗肥，一般苗肥每亩施尿素 12.5 千克，促苗早发，争取年内搭起丰产苗架。

③壅施腊肥。双低油菜在越冬前或开始进入越冬期追施的肥料称为腊肥。腊肥具有在越冬期壅根保暖、防止冻害、促进春发稳长的作用。在基肥少施或未施的情况下，施用腊肥尤其重要。浙江省腊肥一般在小寒前后施用，以半腐熟的厩肥、土杂肥、塘泥、河泥等农家肥为主，一般每亩施用 1000～1500 千克，常在油菜根际壅施，增加地温，护根保苗。

④稳施薹肥。双低油菜进入蕾薹期，营养生长和生殖生长都很旺盛，根系吸肥能力增强，叶片增多增大，主茎迅速延伸，分枝大量形成，花器官不断分化。这个时期如果缺肥，就会直接影响分枝数、开花和角果数，导致产量锐减。所以，施好薹肥，对促进植株春发稳长，薹壮枝多、角多粒多具有重要作用。薹肥要根据前期施肥量、植株长势、土壤肥力等多种因素，合理施用。如地力较肥、前期肥料充足，密度又较高的田块可迟施，用量也要减少。如冬前基肥、苗肥施用较少，菜苗生长基础较差，出现叶片向上伸展无光泽，或提早现蕾，叶色发红等明显脱肥的症状；如全株呈紫色，便是严重缺肥，要早施重施薹肥，以恢复长势。一般薹肥每亩施尿素 10 千克。缺硼地区，每亩用硼砂 100 克，兑水 30～40 千克叶面喷施，防止植株缺硼。

⑤适施花肥。双低油菜是无限花序，边开花，边结角。分化的花芽虽

然很多,但在花芽发育和开花结角的过程中,常因营养条件和其他原因而大量脱落,尤以盛花期脱落率最高。双低油菜角果的粒数多少也受花期营养状况的影响。粒重与开花以后的营养条件关系更为密切。因此,巧施花肥,应掌握花肥追施的原则:一是看苗情,如长势旺盛,薹肥水平高,可少施或不施花肥;二是看气候,如天气预报显示开花期雨量适宜,通风透光好,则花肥的增产效果好,如阴雨低温,则花肥易加剧植株荫蔽而加重病虫害。花肥一般在始花前后施用,每亩施尿素 2～4 千克,或每亩用尿素 250 克、过磷酸钙 250 克、硼砂 100 克,兑水 30～40 千克叶面喷施,对促进种籽粒数、粒重、含油量和产量有一定的作用。

(4) 双低油菜的营养诊断。

①氮素的诊断。氮素是植株各器官蛋白质的主要组成物质,缺氮时植株体内蛋白质合成受到阻碍,叶绿素含量减少,光合作用减弱,整个植株矮小,叶片变得小而薄,叶色变淡呈黄绿色。茎下部叶缘有的发红,逐渐发展到叶脉,严重时叶缘呈枯焦状,甚至叶片枯萎脱落。分枝少,花少,角少。相反,氮素供应过量会使整个植株高大,叶色浓绿,薹期封行早,叶片长度大于分枝,叶片与茎、分枝与茎之间的角度都较大,茎色绿,现蕾、始花和成熟都推迟,出现徒长现象。

②磷素的诊断。磷素能促进根系发育和光合产物的运转,又是合成脂肪的重要营养元素。缺磷时油菜体内的糖和蛋白质的转化受到阻碍,分生组织细胞不能正常进行分裂。在苗期表现为植株生长迟缓、出叶迟,叶片小,叶色深绿而呈暗灰色,无光泽,以后变为暗紫色。缺磷还可导致根系发育不良,分枝少,籽粒不饱满,含油率低,产量显著下降。

③钾素的诊断。钾素不仅对碳水化合物和蔗糖的合成与转化起着重要作用,还能促进氮的吸收利用,有利于细胞壁机械组织的形成,提高抗倒伏、抗寒和抗病力。缺钾的症状是植株矮小,叶片皱缩变小,变厚、硬而发脆,叶肉褪绿呈现白色细斑,以后叶缘枯焦,从植株下部叶片到上部叶片逐渐枯死脱落。茎秆表面呈褐色条斑,病斑连成一片时,茎秆枯萎折断,花期开花零乱,花期延长,角果畸形,含油量降低,造成严重减产。

④硼素的诊断。油菜是喜硼作物,需硼量比其他作物多,双低油菜

需硼量更多。硼对双低油菜生长点的分生组织细胞的分化形式，以及对花粉、子房胚珠的分化发育、受精过程、胚的发育都是必需的。双低油菜对硼肥敏感，一旦土壤缺硼，就会发生“花而不实”现象，对产量影响较大。2004 年永嘉县西溪乡六龙村发生双低油菜浙双 72、沪油 15 出现不结角的现象，据实地调查发现，浙双 72 减产 70%～80%，沪油 15 减产 30%～40%，主要原因是土壤严重缺硼。

从生产实践看，双低油菜的缺硼症状主要为：

①苗期上部叶片深绿皱缩，下部呈紫红色，根毛少，有的根端出现小瘤状突起，根皮变褐色；有的根颈肿大，皮层龟裂，随后生长的幼叶变褐色，最后焦枯而死亡。

②薹期植株中下部叶片呈暗绿色，叶质增厚，皱缩易脆，叶缘先是紫色，后变蓝紫色，提早脱落。根部细根少，表皮变黄褐色，根颈肿大，皮层龟裂。有的薹心萎缩，株形矮小；有的主薹萎缩，由腑芽抽生出许多细小分枝，使植株呈丛生状。

③花角期缺硼使花序顶端花蕾褪绿变黄，萎缩枯干或脱落，开花进程变慢，花瓣皱缩，胚珠不能发育而形成空角，角果变短像“萝卜”角果，有的能结几粒粗大但形状不规则的籽粒。角果皮及茎秆呈紫红色。

④病株的株型异常，有的呈矮化型，整个植株矮缩，花序上角果间距缩短，甚至整个花序外观如试管刷，不结角果；有的徒长型，植株高大，尤其主花序显著增长，株形松散，成熟时主花序顶部及部分分枝仍陆续开花，能结少量角果；有的植株为中间型，外表与正常株相仿，能结一些角果，但角果短，种子少且畸形。

缺硼的主要原因如下：

①土壤缺硼。土壤水溶性硼含量小于 0.5 毫克 / 千克为土壤缺硼。其中土壤水溶性硼含量大于 0.2 毫克 / 千克而小于 0.5 毫克 / 千克属于轻度缺硼，土壤水溶性硼含量小于 0.2 毫克 / 千克则为严重缺硼。据土样测试结果显示，浙江省油菜产区多数土壤含硼量为 0.23～0.41 毫克 / 千克，属缺硼地区。平原稻区土壤轻度缺硼，田间症状不很明显，但山区、半山区、丘陵地区缺硼较重。2004 年对永嘉县西溪乡六龙村种植浙双 72 和九二-58 系的田块分别采集土样送国家农业部肥料质量监督

检验测试中心(杭州)测定,种植浙双72的田块土壤有效硼含量为0.09毫克/千克,种植九二–58系的田块土壤有效硼含量为0.11毫克/千克,该村种植油菜的田块属严重缺硼。

②偏施氮肥、钾肥会引起钾硼拮抗而出现缺硼现象。

③个别年份秋冬旱连春旱,土壤中的硼被固定,油菜难以吸收,发生缺硼症状。

④假冒伪劣硼肥,硼元素含量极低,甚至没有,施用此种硼肥,仍会出现缺硼症状。

(七)病虫防治

1. 油菜菌核病

油菜菌核病,俗称烂秆、白秆等,是浙江省油菜产区普遍发生的病害,常年株发病率30%以上,重发年份高达80%以上。据浙江省、湖北省调查,油菜感病后较健株平均减产48%,种子含油量降低1%～5%。

(1) 症状。油菜茎、叶、花、角各部都能受害,以茎受害最重。叶片感病多从老龄叶开始,病菌侵入叶片,大多从叶缘开始,先是不规则水渍状的斑块,后来病斑中央呈黄褐色,外圈暗青色,周缘叶色变黄。干燥时病斑破裂穿孔,温度适宜、湿度高时病斑蔓延扩大溃烂,并长出白色绵毛状物。菌丝侵入茎秆,病斑初为淡褐色水渍状,略凹陷,后变灰白色。湿度大时病部软腐,表面上长出白色绵毛状物,病茎皮层腐烂。内部空心,干燥后表皮破裂,茎秆易裂易断,植株早枯,剖开病茎,可见内部有许多黑色鼠粪状的颗粒,这就是菌核。

(2) 病原。学名为*Sclerotinia sclerotiorum*(Lib.)de Bary,属子囊菌纲核盘菌科核盘菌属。该菌形态多样。菌核呈不规则形鼠粪状,外层黑色,内层粉红色至米黄色,大小为(1～26)毫米×(1～14)毫米。子囊盘肉质,浅肉质至深褐色,初呈杯状,展开后呈盘状,直径0.5～16毫米,下有子囊盘柄。子囊和侧丝整齐排列在子囊盘内。子囊棒形或圆柱形,无色,有柄,内含8个子囊孢子。菌丝白色丝状,有分枝和隔膜,老龄菌丝聚集成团,由白色转为黑色菌核。

菌核形成的温度范围为5～30℃,以22～29℃为适。菌丝抗干热、低温,但不耐湿热。子囊盘形成的适温为10～17℃。在适温内子囊盘可放射孢子8～15天,一个子囊盘可产生3×10^7个孢子。在0～3℃低温下子囊盘即丧失放射孢子的能力。子囊孢子适温性广,耐干燥,但不耐日光照射。发芽温度为-1～35℃,以5～15℃为适。侵染的适宜温度为15～25℃。

菌丝生长的温度范围较广,范围为0～30℃,以12～29℃为适;要求较高的湿度,适宜相对湿度在85%～100%,相对湿度在70%以下停止生长。能利用多种碳源和氮源,并能形成果胶质分解酶、纤维素分解酶等多种酶,将寄主体内多种高分子聚合物质分解为菌丝可吸收的养分,使寄主组织离解腐烂。

(3) 侵染循环。油菜收获后,病原菌以菌核形态在土壤、种子和植株残体中越夏,种子和植株残体中的菌核又随播种和施肥进入土中。这些菌核是病害的首次侵染源。在浙江省,土中菌核在秋冬季处于休眠状态。第二年春天,旬平均温度达到5℃以上时,菌核萌发产生子囊盘。2～4月,旬平均温度8～14℃为子囊盘盛发期,子囊盘放射出子囊孢子,随气流传播到油菜上。子囊孢子由油菜角质层或伤口、自然孔口侵入组织。孢子侵染需要外来营养,很难直接侵染健康的茎、叶,因此,通常先侵染花瓣、花药以及衰老坏死的叶片,再通过它们侵染健康叶片,而后由病叶上的菌丝蔓延至茎秆,再通过枝、叶、角果毗连,由菌丝引起株间相互感染。另外,春季潮湿,土面的菌核也可直接长出菌丝侵染植株基部的茎、叶。病害晚期菌丝在病部内、外形成菌核,完成侵染循环。

(4) 流行规律。

①田间菌源数量。油菜收获后,大量菌核残留在土壤中,后作如为水稻,菌核极易在短期内腐烂死亡;如为旱作,则存活菌核的数量随时间延长而逐渐减少。由于田间存活菌核数量不同,油菜田块间发病率有明显差别。据调查,旱地油菜发病率较稻田油菜高1.3倍,旱地连作又较轮作地高1.6倍。

②油菜花期与病原子囊盘发生期的吻合程度。病原菌主要通过子

囊孢子进行首次侵染，子囊孢子极易侵染花瓣而不能直接侵染健壮的茎,因而油菜开花期最易感病。开花期与子囊盘或子囊孢子发生期吻合的时间愈长,病害愈重,反之则轻。油菜开花之前,子囊盘就开始发生,凡开花早、花期长的油菜品种,或开花期与子囊盘发生期吻合时间长的油菜,病害重于开花迟、花期短的品种。

③油菜开花期的降雨量。降雨量、气温、日照等气象因素对发病均有影响,而以开花期的降雨量影响最大,是病害流行的决定因素。一般开花期日降雨量在 5 毫米以上病害严重,1～3 毫米发病较轻,1 毫米以下极少发病。开花期月平均相对湿度在 80%以上时病害严重,60%～80%发病较轻,60%以下基本不发病。

④油菜长势。长势好的油菜通常病重于长势差的油菜。主要有两方面的原因:第一,长势好的油菜植株高大、枝叶繁茂、田间郁蔽、通风透光差、小气候湿度大,有利于子囊孢子侵染、菌丝生长和再侵染。第二,长势好的油菜枝叶毗连,有利于病害向四周健株蔓延。当油菜长势过旺而倒伏时,则病害更加严重。一般而言,病害随氮肥用量增多和播种期提早而加重。油菜地低洼积水,油菜分枝节位低,栽培密度大等因素可造成田间小气候湿度增加或枝叶毗连从而加重病害。

(5) 防治方法。农业措施与药剂相结合的综合防治方法有较好的防治效果。

①实行水稻、油菜水旱轮作,减少病原菌基数,旱地应与非十字花科作物实行两年以上轮作。

②选用抗(耐)油菜品种,苗期叶色蓝绿而深、开花较迟、花期较短、分枝节位较高、茎秆紫色和抗倒性强的品种病害较轻。

③春季多雨和地势低、排水不良的田块,要作窄畦,开深沟,春雨到来之前及时清沟防渍。

④在油菜盛花至终花期,摘除中、下部病、黄、老叶 1～3 次,并将摘下的叶片带出田外,减少病菌基数。

⑤药剂防治。在油菜盛花初期和终花期,每亩用 70%托布津可湿性粉剂 100 克,或 50%速克灵(腐霉利)50 克,或 25%使百克乳油 30 毫升,兑水 40 千克喷雾防治。

2. 油菜病毒病

油菜病毒病又称花叶病、毒素病。浙江省各地普遍发生，秋冬季干旱年份蚜虫暴发传毒，发病更为严重。发病流行年份，病株千粒重下降，含油量也降低，病株较健株一般减产20%～30%，严重的达70%。

(1) 症状。甘蓝型油菜苗期主要症状有枯斑、僵叶和花叶3种，成株期主要是条斑和环斑。苗期枯斑症先在老龄叶片上出现，主要是点状枯斑，其次是黄色枯斑。点状枯斑病斑很小，直径0.5～3毫米，表面淡褐色，略凹陷，中心有一小黑点，迎光透视呈星藻状；叶背面病斑周围有一圈油渍状灰黑色小斑点，病斑密集，常使叶片一部分或全部变黄枯死。黄色枯斑病斑较大，直径1～5毫米，黄色，在叶上散生。枯斑症常伴随有叶脉坏死，叶片皱缩、畸形。苗期僵叶症在叶上产生大型无定形黄褐色病斑，病斑略凹陷，有光泽，病健交界清楚，病部叶脉纵向密集，使叶片局部皱缩畸形，病部下表皮常与叶肉分离。花叶症苗期先从心叶显症，叶脉半透明，叶肉有些部位变黄或黄白色，有些部位仍为绿色或深绿色，各色斑形状不一，边界不明显，形成花叶，常伴随有皱缩，叶肉增厚变脆等症状。甘蓝型成株期症状表现为，株形变矮，根、茎质脆，分枝、结果数减少，角果畸形，籽粒减少。

(2) 病原。中国已知病原病毒有4种，主要是芜菁花叶病毒，其次为黄瓜花叶病毒，另外还有烟草花叶病毒和油菜花叶病毒，但发生数量很少。

(3) 侵染循环。芜菁花叶病毒、黄瓜花叶病毒在田间主要通过蚜虫传播，人、畜、工具接触健苗也可以传病。种子可以带毒，但不传病。土壤中的新鲜病根与健苗接触也能传病。

传播芜菁花叶病毒、黄瓜花叶病毒的蚜虫均有数十种，我国已知的主要种类有萝卜蚜、桃蚜、甘蓝蚜和棉蚜等数种。芜菁花叶病毒、黄瓜花叶病毒都是非持久性病毒，蚜虫得毒、持毒和注毒时间都很短，在病株上吸汁不到5分钟就可以获得病毒，在健株上吸汁不到1分钟就可传毒，但一次吸毒后，只要过20～30分钟，传毒力就会消失。

在秋播油菜区，病毒在夏季十字花科蔬菜、自生油菜、荠菜、臭荠、车前草等植物上越夏,秋季先传至较油菜早播的十字花科蔬菜,而后由早秋蔬菜或越夏寄主传入油菜田。油菜子叶期至七片真叶期为易感期,尤其以三至五叶期最易感病。潜育期长短随寄主、接种病毒和气候而异,以气温影响最大,一般为10～30天,日平均气温20℃左右时为7～10天,13℃左右时为10～20天,3℃左右时达50余天。苗期病株常在出苗之后一个月左右,即五片真叶期前后出现。冬季病毒在病株体内越冬,春季旬平均气温达10℃以上时病害开始加重,通常在油菜终花期前后达到高峰。

(4) 流行规律。

①传毒蚜虫。蚜虫主要通过有翅成虫迁飞传播病毒,无翅蚜爬行传毒作用很小。有翅蚜迁飞传毒主要发生在油菜苗前期,因为此期是蚜虫由蚜源(毒源)作物迁入油菜田时期,恰逢油菜易感病阶段。油菜抽薹开花以后,蚜虫迁飞量和田间蚜虫发生量与病毒病没有明显关系。由于油菜病毒病的毒源植物和油菜蚜虫的主要蚜源植物基本一致,毒源植物病毒病又具有油菜病毒病相类似的流行规律,通常油菜苗期蚜虫发生多的年份,毒源植物病毒病发病重,油菜病毒病发病也重。

②毒源植物。秋季较油菜早播的十字花科蔬菜如萝卜、大白菜、芥菜、芜菁、甘蓝以及自生油菜,是油菜病毒病的主要毒源植物,但在不同地区它们的危害程度也不相等。城郊广种十字花科蔬菜,毒源丰富,蚜虫数量也多,病害常较农村严重。在同一地方,离毒源作物近的油菜田常较远离毒源的病害重,主要是由于蚜虫自主迁飞弱和持毒时间短,远距离的油菜田传入的病毒少的缘故。

③油菜抗病性。据研究显示,甘蓝型油菜较白菜型抗病,芥菜型则介于两者之间。但在每个类型的油菜中,都有抗病、感病和中间状态的品种,品种间的抗病性在病害流行年差异非常明显,在轻病年则相差不大。在冬油菜产区,在病害流行年播种越早病害越重,越迟则越轻。

④气候。蚜虫、毒源和油菜病毒病三者都受气候影响,因而气候是影响病害流行的关键因素,特别是油菜苗期的易感病期的气候对病害影响最大。主要气象因子是气温和降雨,对蚜虫迁飞和病害发生、发展都比较有利的日平均气温是15～22℃,超过25℃或低于8℃都不利。冬油菜

区油菜苗期通常有一段时间的气温条件适于发病和蚜虫迁飞，在浙江省主要是10月份。传毒蚜虫的孳生和迁飞还受降雨量的影响，油菜苗期月降雨量小于30毫米，则病毒病发病严重，大于80毫米则病害很轻。

(5) 防治方法。

①选育和种植抗病品种。据研究显示，抗病品种的病毒病发病率在5%以下，感病品种在95%以上，所以进行病毒病抗病育种和推广抗病品种，是防治病毒病的有效途径。

②适当推迟播种期。根据病虫预测预报，重病年份适当推迟油菜播种期5～10天，可减轻蚜虫为害。

③油菜苗床要远离十字花科蔬菜地，在油菜出苗前和出苗后的易感病期内，加强油菜附近十字花科蔬菜的治蚜工作。在大面积集中连片种植油菜的地区，苗期治蚜也有一定减轻病害的作用。

④药剂防治。当苗期有蚜株率达10%，每株有蚜1～2头；抽薹开花期10%的茎枝或花序有蚜虫，每株有蚜3～5头时开始喷药防治，可用10%吡虫啉可湿性粉剂1000倍液防治油菜蚜虫。

3. 油菜霜霉病

我国各油菜产区均有发生，以冬油菜区发生普遍，我国长江流域及南方山区受害较重。据中国农业科学院油料作物研究所测定，油菜感病后单株产量损失为15.6%～52.0%。

(1) 症状。油菜地上部各器官均可发病，在各生育阶段均有表现症状。子叶发病产生褪绿斑，叶背生霜状霉丝。真叶发病初始褪绿，产生淡黄色斑点，边缘不清晰，后扩大成黄褐色，为叶脉所限，成为不规则形角斑，叶背病斑处常生霜状霉丛，严重时全叶枯黄、脱落。病叶由底叶渐向植株中、上层叶片发展，薹茎初生褪绿斑点，后扩大成不规则形黄褐色至黑褐色病斑，病斑上产生霜霉。花色变深，提早凋萎脱落。花梗颜色加深带有紫色，有时膨大不结角，形成“龙头”，常与白锈病并发。角果感病产生褐色不规则病斑，严重时角果萎缩、弯曲、枯黄、易裂，潮湿时生霜霉。

(2) 病原。学名为 *Peronospora parasitica*(Pers.) Fr.，属藻状菌纲霜

霉目霜霉科，为专性寄生菌。菌丝体无色无隔膜，生长在寄主组织细胞之间，以球形或梨形吸胞伸入细胞内摄取养分。由菌丝体产生孢囊梗，自病组织表皮气孔伸出，孢囊梗无色，上有4～7个双分叉的分枝，最后一次分枝的顶端细而尖，微向下弯，尖端各着生一个孢子囊。

孢子囊形成的适温为8～12℃，萌发温度为3～25℃，以13～17℃为适，但须在水滴中或98%以上的相对湿度下才能萌发。侵染温度为7～15℃。孢子囊落在有水膜或露水的油菜叶面上，当气温在15℃时，经4～6小时发芽，18～24小时形成侵入丝并产生吸器伸入寄主细胞内，菌丝在寄主体内潜育，3～4天后又产生孢子囊。卵孢子形成的适温是10～15℃，湿度70%～75%，萌发温度与孢子囊一致。病原菌只侵害十字花科植物，已知有油菜、白菜、芥菜、甘蓝、萝卜、花椰菜、紫菜薹、荠菜等20余种。病原专化性强，一般不为害属间植物。已知芸薹属植物霜霉病有6个生理小种。

(3) 侵染循环。主要以卵孢子在遗落于土壤中的病残体内越夏、越冬；其次是种子带菌越夏，菌丝体在病株内越冬。卵孢子借助流水或洒水溅射传播。在寄主表面萌发芽管，从气孔或表皮侵入，在寄主细胞间形成菌丝体，条件适宜时，从气孔中产生出孢囊梗和孢子囊。孢子囊随气流、风雨传播，萌发侵入寄主后又产生孢子囊，如此重复侵染。因此在温、湿度适宜时病害发展很快。病害晚期形成卵孢子，在病叶、茎、果和“龙头”内越夏或越冬。

(4) 流行规律。病原孢子萌发和侵染要求低温(7～15℃)高湿条件，而潜育和发展要求较高温度(16～20℃)。在冬油菜区，秋冬或春季如果气温较低，寒潮频繁，并伴随降雨，寒潮后气温上升，或长期阴雨或雾、露很重，这些条件都极有利于病害流行。

(5) 防治方法。

①种植抗病品种。三种类型的油菜中，甘蓝型抗性较强，芥菜型次之，白菜型最易感病。同一类型油菜品种间病害程度也有很大差别。因此，选育和种植抗病品种是防治油菜霜霉病的关键措施。

②农业措施防病。与禾本科作物轮作，提倡油菜与大小麦等禾本科作物进行两年制轮作，或水旱轮作，可以有效减少土壤中卵孢子的数

量，减少菌源，从而降低发病程度。选用无病种子或10%盐水选种，适期晚播，窄畦深沟，清沟防渍，增施钾肥等可减轻病害。

③药剂防治。在秋冬季霜霉病发病严重的地区，一定要在花期加强药剂防治。一般在油菜抽薹至初花期时，调查病情扩展情况，病株率达10%以上时开始喷药。一般间隔6～8天，连续用药2～3次，每次兑水40～50千克。药剂可选用75%的百菌清可湿性粉剂600倍液，或70%代森锰锌可湿性粉剂600～800倍液，或66.8%霉多克可湿性粉剂600～800倍液，或69%安克锰锌可湿性粉剂900～1000倍液。

4. 油菜白锈病

又名"龙头病"，广泛分布于冬油菜区，以云贵高原和华东地区较严重。据中国农业科学院油料作物研究所测定，油菜感病后，单株产量损失35.5%～81.5%，含油量降低1.05%～3.29%。

(1) 症状。油菜各生育阶段的地上部各器官均可感病。叶片表面初生淡绿色小斑点，后变为圆形黄色斑点，叶背面病斑处长出隆起的白色疱斑，疱斑破裂后撒出白粉。叶上病斑零星分散，严重时密布全叶，使叶片枯死。茎和花梗的幼嫩部分感病后肿大、弯曲，呈龙头状。花器官受害后花瓣畸形、膨大，变绿，呈叶状，久不凋落，亦不结实。茎、枝、花梗、花器、角果和肿大变形部分均可长出白色疱状病斑，但疱状形状不及叶斑规则。

(2) 病原。学名为*Albugo candida*(Pers.)O.Kunrze，属藻状菌纲霜霉目白锈科，为专性寄生菌。菌丝无色、无隔膜，在寄主细胞间寄生，以球状吸胞插入细胞内吸取营养。在菌丝分枝顶端形成孢囊梗，梗端着生链状孢子囊。孢子囊在水滴中萌发时，每个可产生5～8个游动孢子。有性阶段为卵孢子，以"龙头"内最多。卵孢子萌发时先长出一个孢囊，里面形成20～30个游动孢子。

孢子囊形成以7～13℃较适，萌发的温度范围为0～25℃，以10℃左右为适。侵染的适宜温度为10～18℃。但必须在水滴中才能萌发，相对湿度低于80%就很快脱水干瘪。本菌只为害十字花科植物，已知能感染63属214种，常见的有油菜、白菜、甘蓝、花椰菜、芥菜、萝卜、芜菁、榨菜、辣椒等。病原的致病性有分化，目前已知有7个生理小种。

(3) 侵染循环。病菌以卵孢子在病残体内、土壤中或附着在种子上越夏。秋季油菜苗期卵孢子萌发产生游动孢子,借助雨水飞溅至叶面,游动孢子萌发从气孔侵入,引起初次侵染。幼苗从2片真叶期开始发病。病斑上的孢子囊借风雨传播,进行反复再侵染。冬季以卵孢子形态(部分地区以菌丝)在病株组织内越冬,翌年春天温度回升到10℃左右时,病部又产生孢子囊再次传播为害,并引起分枝、花器肿大变形。在肿大的"龙头"内产生大量卵孢子,进入越夏休眠期。

(4) 流行规律。油菜五至六片真叶期和抽薹开花期容易感病,通常在苗期和开花期出现两次发病高峰。病原孢子囊形成、萌发和侵染要求低温高湿条件,所以,气温较低、温差较大,多雨和雾、露重,湿度大有利于病害流行。冬油菜区苗期均有一段时间(浙江省为11～12月)的气温适于病害发生。冬季气温偏暖,春季油菜抽薹期气温回升缓慢,或寒潮较多,湿度大,开花期多雨,温度在16℃以上,有利于病害流行。如果2～4月降雨量大于250毫米,降雨日数在50天以上,相对湿度大于90%的日数在25天以上则病害严重;降雨量小于170毫米,降雨日数少于30天,相对湿度大于90%的日数在10天以下病害极轻。除气候条件之外,油菜连作或十字花科蔬菜地种油菜,种植感病品种,播种过早,氮肥过多或施用不当,油菜倒伏,以及低洼排水不良的田地,也会加重病害。

(5) 防治方法。防治油菜白锈病,应采取以农业防治为主,辅以药剂防治的综合防治措施。

①选用抗病双低油菜品种,无病株留种,或播种前用10%的盐水选种,用下沉的种子清水洗净后晾干播种。

②实行水旱轮作,与水稻或非十字花科作物轮作。深耕,把遗留在田里的病残组织翻入土内,减少菌源。

③合理施肥,清沟沥水,通风透光,防止徒长,降低湿度,控制病害发生。

④药剂防治。通常在苗期和抽薹期喷1～2次药,在多雨年份,尚需适当增加喷药次数。常用药剂有75%百菌清可湿性粉剂1000～1200倍液、65%的代森锌可湿性粉剂500倍液、50%的福美双可湿性粉剂800倍液。

5. 油菜害虫

油菜害虫主要以蚜虫发生最普遍，危害最严重，是油菜生长发育的大敌。为害油菜的蚜虫主要有菜缢管蚜和桃蚜两种，浙江省以菜缢管蚜为害为主。

蚜虫为害油菜不仅直接吸取汁液，同时还在嫩茎、花梗上为害，影响植株生长，妨碍结实。更为严重的是，它是传播病毒病的主要媒介。

(1) 形态特征。

①菜缢管蚜(萝卜蚜)。分有翅胎生雌蚜和无翅胎生雌蚜两种。

有翅胎生雌蚜：头胸部黑色有光泽，翅透明，翅脉黑褐色，腹部暗绿色，腹管淡黑色，圆筒形，腹管前各腹节两侧有黑斑，腹管后各腹节有一黑色狭横带。

无翅胎生雌蚜：卵形，橄榄绿色，被白粉，胸部各节中央有一深色横纹并散生黑点，腹管与有翅胎生雌蚜相同。

②桃蚜。桃蚜也分有翅胎生雌蚜和无翅胎生雌蚜两种。

有翅胎生雌蚜：头胸部黑色，翅透明，翅脉微黄色，腹部绿、黄绿、褐或赤褐色，背面有淡黑色斑点，腹管细长。

无翅胎生雌蚜：体绿、黄绿、枯黄或淡褐色，并带有光泽，腹管细长而向后方伸长，淡褐色，圆管形，尾片两侧各有长毛 3 根。

(2) 生活习性。蚜虫的寄主范围很广，主要寄生在油菜及其他十字花科植物上。菜缢管蚜一年发生 20 多代，一只雌蚜一生能胎生 80～100 只小蚜虫，胎生小蚜虫 5～7 天就能繁殖。蚜虫发生数量因季节不同而有显著变化，春秋两季发生较多，通常 4～6 月繁殖最快，6 月以后数量减少，至 10～11 月又大量发生。数量消长的原因主要是气候影响。因春秋两季气候适宜，尤其是秋季，大气湿度低甚至干旱，最适宜蚜虫繁殖，而油菜秧苗期及翌春开花期适逢蚜虫盛发，因而易受为害。此外，油菜蚜虫危害的轻重与播种期、秧田位置、茬口和品种都有一定关系。一般早播早栽的受害重，迟播迟栽的受害轻。

油菜的一生都有蚜虫发生，即使在冬季，由于蚜虫耐寒力强仍能繁殖。如菜缢管蚜在冬季-7℃时，无翅胎生雌蚜仍然没有越冬现象，而且多集中在菜芯深处活动。发生在油菜上的蚜虫迁飞高峰期一般有3次,第一次在10月中下旬,第二次在11月上中旬,第三次在翌年3月上中旬。以第一次迁飞高峰期的虫数最多,这时早播油菜最易受害。有的年份花期蚜虫为害也很严重。油菜秧苗叶片上的蚜虫密度大时,易于传毒接种,所以提早防治对降低虫口密度,控制病虫的传播蔓延有很大作用。

(3) 防治方法。要采取综合防治的方法,把蚜虫消灭在秧田期或翌年春季生长初期;同时要注意保护天敌和利用天敌。主要防治方法有:

①在蚜虫迁飞前,消除田间杂草及残枝落叶。

②天气干旱时应及时抗旱,提高土壤湿度,以利菜苗生长,抑制蚜虫发生。

③药剂防治。由于蚜虫集中在叶背部吸取汁液,因此喷药要均匀周到。当苗期有蚜株率达10%,每株有蚜1~2头;抽薹开花期10%的茎枝或花序有蚜虫,每株有蚜3~5头时开始喷药防治,可选用10%吡虫啉可湿性粉剂1000倍液,喷雾防治。

此外,对油菜潜叶蝇、菜青虫、黄曲条跳甲等害虫,均应加强测报,及时防治。

(八)收 获

双低油菜陆续开花,花期较长,一般在1个月左右,边开花边结角,早结的角果成熟早,迟结的角果成熟迟,通常主花序结的角果成熟最早,其次是一次分枝的角果,最后是二次分枝的角果,所以同块田角果的成熟期参差不齐。如果收获过早,部分角果太青,则籽粒不饱满,含油量低,影响产量和品质。收获过迟,先成熟的角果稍一受振动就会爆荚落粒,造成损失。因此,适时收获可以避免损失,做到丰产丰收。

1. 双低油菜收获的标准

要掌握双低油菜的收获适期,必须了解油菜子的成熟过程。油菜子成熟一般要经过3个时期。第一个时期是绿熟期:此时主轴角果转黄绿色，大部分分枝上的角果仍为深绿色，籽粒还不饱满，种皮呈绿色，籽粒晒干后种皮为红色，易皱缩，秕子多，含油量只占成熟籽粒的70%左右。第二个时期是黄熟期：主角果已转为枇杷黄色，表面富有光泽，分枝的角果近基部开始褪色，中上部的也转为黄绿色，此时种子发育基本完全，籽粒比较肥大饱满，种皮由绿色转为黄褐色。经过一段时间的后熟作用后，粒重和含油量都比较高。第三个时期是完熟期：大部分角果表现黄色，角果没有光泽，一碰就裂开落粒，此时种子完全成熟，粒重和含油量也最高。从油菜成熟过程的3个时期来看，绿熟期收割太早，完熟期收获落粒多，损失大，又会影响后茬作物的季节，黄熟期收割最适宜，能做到丰产丰收。所以群众说"八成熟，十成收；十成熟，对半收。"

双低油菜收获适期的田间长相是：全田植株2/3呈现黄绿至淡黄色，主序角果变为枇杷黄色，分枝上尚有1/3的角果仍呈绿色。主茎和分枝叶片几乎全部脱落，茎秆变为浅黄色。同时，主轴和上部分枝的部分角果内籽粒变为半红半绿至红褐色，而主序最下部角果内籽粒已显种子的固有色泽，整粒变为黑色。

2. 人工收获

油菜人工收获有拔收和割收两种方法。拔收能较好地利用后熟作用，适期偏早收获，早腾茬口，有利后作，但花工较多，掺杂的泥土杂质较多。割收的油菜容易干燥，泥土杂质少，但后熟作用差，尤其高位割青对产量影响较大。不管采取哪种方法，收获时间必须安排在晴天的早晨露水未干时、傍晚或阴天，要做到轻收、轻放。

油菜拔收后，实行叠堆打蓬，让油菜经过后熟作用，茎秆的养分向角果输送，可增加粒重、减少瘪粒、提高产量。据试验，叠堆的油菜子千粒重比同期收获不叠堆的增重5.74%。

油菜打堆的技术环节：

(1) 选择地势较高的空地，也可选择油菜田，将两畦并作一畦，做成南北向、畦中略高的场地，在四周开深沟，铺上塑料薄膜。

(2) 收获以拔收为好，随收、随捆、随运、随堆。打堆时根部朝外，荚梢部朝内，两列中间留50～60厘米的空隙，保持通风。堆基部大，往上逐渐缩小,到顶时两列合拢。下雨前顶部先盖塑料薄膜,再用绳扎牢。

(3) 打堆7～10天后,抢晴天翻晒脱粒。

3. 机械收获

浙江省油菜成熟期时常降雨,油菜割倒铺放田间,易造成霉变损失,故提倡采用联合机械收获方式。收获1亩油菜,人工割倒、翻晒、脱粒共需4工,以25元/工计算,劳动力成本为100元,油菜收割机作业仅需20分钟,机收费用为60元,机收成本比人工收获降低40%。同时,油菜机械收获节省劳动用工,减轻劳动强度,使农村劳动力从繁重的农活中解放出来,从事二、三产业,促进了农村经济的繁荣。

油菜联合收割机主要由收割台、输送槽、脱粒清选装置、动力机、底盘、液压系统和卸料装置组成。油菜机械联合收获作业流程是:机组准备→田块准备→试割→正常作业→机组保养→机车入库。油菜机械收获适宜时间应为油菜90%～95%成熟时,一般选择晴天清晨、上午和下午进行收割,晴天中午前后应停止收割,以防止油菜爆荚造成产量损失。应用油菜联合收割机直接在田间一次性完成油菜收割、脱粒、清洗、籽粒收集、装袋和秸秆切碎还田等工序,收获时应收割干净、不漏割,割茬高度符合当地农艺要求,收割茎秆应打碎后均匀撒在田中。据调查显示,油菜机械收获损失率为10%左右,破碎率小于0.5%,含杂率为3%～5%,清洁度大于80%。浙江省油菜联合收割机主要选用上海向明4LZ(Y)-1.5型、浙江碧浪200型、浙江三联4LZ(Y)-1.8型等机型。

五、杂交双低油菜制种技术

（一）油菜杂种优势的表现与估测

1. 油菜杂种优势的表现

(1) 产量优势。杂交油菜的产量优势是杂种各种性状优势的综合表现，优良杂交组合较现有常规品种增产 15%～30%。华中农业大学 1977 年测定的 12 个甘蓝型自交不亲和杂种产量，分别比对照增产 38.3%～134.9%。世界上第一个大面积用于生产的雄性不育三系杂交种秦油 2 号，在陕西省 3 年油菜区域试验中，比对照增产 27.4%。湖南农业大学选育的双低杂交油菜湘杂油 1 号，在 2002～2004 年浙江省油菜区域试验中，平均亩产 150.59 千克，比对照浙双 72 增产 10.70%。

(2) 营养生长优势。一般而言，营养生长优势在前期表现为单株绿叶数多，叶片面积大，根颈粗，根系粗壮且数量多；后期表现为植株高大，分枝多，角果多，单株生物学产量高。1987～1988 年，华中农业大学对甘蓝型自交不亲和系杂种及其亲本的根系和地上部分的生长情况进行了比较研究，结果表明：发芽后 4 天杂种的幼根数、根毛区长和根毛区宽分别比双亲均值增加 80.45%、100.3%和 40.5%；蕾薹期单株地上鲜重、干重分别比双亲均值增加 23.8%和 14.5%；根鲜重、干重、根体积分别比双亲均值增加 31.5%、29%和 27%。根据李殿荣 1984～1988 年调查，杂交油菜秦油 2 号比常规品种秦油 3 号越冬前的单株绿叶数多 0.9 片，最大叶长增加 7.93 厘米，宽增加 1.37 厘米，单株鲜重增加 54.37 克，增长率为 39.1%。1983 年 Sernyk 等研究了 8 个杂种一代的干物质总产量，平均比优良亲本增加25.9%，并认为种子产量与干物质总产量呈极显著正相关。旺盛的营养生长为高产奠定了坚实的物质基础。

(3) 生理优势。杂交油菜生活力强，光合能力强，湖南农学院研究证明，杂种叶片下表皮和角果表皮的气孔数比亲本多，特别是角果皮的气孔数普遍比亲本多；杂种叶绿素含量超过干重的1%，而亲本在1%以下；杂种净光合率在2克/(平方米·小时)以上，亲本在2克/(平方米·小时)以下；杂种光合作用强度一般在20毫克CO_2/(平方分米·小时)以上，而亲本在20毫克CO_2/(平方分米·小时)以下。杂种根系伤流量比恢复系多180毫克/小时。

(4) 经济性状优势。杂交油菜主要经济性状的优势表现有差异，据华中农业大学傅廷栋等研究测定了42个组合12个经济性状的优势指数，其中优势指数最高的性状是单株产量为211.3%，全株总角果数为173.3%，茎粗为126.9%，主花序角果数为123.9%，一次分枝数为121.2%，每角粒数为117.5%；优势指数最低的是角果长度、分枝部位和千粒重。

(5) 品质优势。不同杂交组合的含油量杂种优势存在较大差异，华中农业大学研究表明，油菜子含油量的优势指数平均为104.9%，是杂种优势较低的性状之一。1970年印度Swany用9个白菜型褐子沙逊油菜配制了36个组合，其中褐子沙逊-73(含油量42.9%) Kampurtoria5907(含油量16.0%)杂交组合，F_1含油量高达53%，说明通过大量测交筛选，获得高含油量的杂种组合是可能的。

(6) 抗性优势。杂交油菜的抗冻能力比常规油菜品种强。据1991年湖北省两年区域试验结果表明，杂交油菜秦油2号受冻株率为58.2%，冻害指数为21.4；华杂2号受冻株率为59.2%，冻害指数为19.9；而常规油菜品种中油821受冻株率为75.1%，冻害指数为27.6。据李殿荣等1984～1989年在我国黄淮和长江流域部分省市81个试验点调查表明：秦油2号的菌核病发病率为15.3%，病情指数为13.45%，分别比对照品种低3.65%和1.61%。杂交油菜抗春寒能力也强，分段结实率显著低于常规品种。

2. 油菜杂种优势的估测

油菜杂种优势的大小和程度,可以通过一定的计算方法和一定的数值指标进行评估,常用的方法有:

(1) 平均优势。指杂种第一代(F_1)某一经济性状值与双亲同一性状平均值的差与双亲同一性状平均值的比值。

平均优势(%)=(F_1－双亲平均值)÷双亲平均值×100

(2) 超亲优势。指杂种第一代(F_1)某一经济性状值与高亲本同一性状值的差与高亲值的比值。

超亲优势(%)=(F_1－高亲值)÷高亲值×100

(3) 对照优势。指杂种第一代(F_1)某一经济性状值与对照品种同一性状值的差与对照品种同一性状值的比值。

对照优势(%)=(F_1－对照品种)÷对照品种×100

(4) 优势指数。指杂种第一代(F_1)某一性状与双亲同性状平均值之比值。

优势指数(%)=F_1÷双亲平均值×100

杂种第一代性状超过亲本平均值时称为正优势,反之,劣于亲本平均值时则称为负优势。由于评估杂种优势的最终目的是生产应用,因此生产实践中多采用对照优势法,只有用于大田生产的杂种比对照品种有优势时,才有实际利用价值。

(二) 油菜杂种优势的利用途径

目前,国内外油菜杂种优势利用的主要途径有天然杂交、细胞质雄性不育、细胞核雄性不育、自交不亲和和化学杀雄。

1. 天然杂交

油菜是常异花授粉作物,不同油菜品种自然种植,就能产生天然杂交。青海省门源县农业科学研究所(1976年)利用白菜型品种门源油菜与另一个品种小日期相间种植,让其天然授粉,同时收获正反杂交种种子，试验表明，杂种比亲本增产28.9%～31.8%。田正科(1986年)研究指出，这种天然杂种率可达80%以上。

2. 细胞质雄性不育

目前世界各国主要研究、利用的油菜雄性不育胞质有以下几种：

（1）nap不育胞质。Thompson（1972年）和Shiga通过品种间杂交发现的雄性不育。这种不育胞质的恢复基因，普遍存在于日本和欧洲甘蓝型油菜品种中。nap不育胞质的主要问题是不育性不稳定，温度高于20℃时，出现大量花粉，故不能应用于杂种生产。

（2）Ogu不育胞质。又称萝卜不育胞质，是Ogura于1968年发现的萝卜细胞质雄性不育。Bennerot等（1977年）通过连续回交，把甘蓝型油菜的细胞核转移到萝卜不育胞质中去。这种不育系不育性十分稳定，主要问题有：一是还未找到可以利用的恢复系；二是在低温下（小于12℃）叶片失绿黄化；三是不育系缺乏蜜腺，影响昆虫传粉，影响制种产量。Pelleter等（1983年）通过萝卜细胞质不育系和甘蓝型油菜细胞融合，把甘蓝型油菜的正常叶绿体DNA与萝卜不育胞质的线粒体DNA重组到一个细胞中去，再用细胞培养技术，将重组的细胞培育成新的不育系。这种通过融合改良的不育系，缺绿问题得到了解决，蜜腺也较发达，育性恢复的遗传也比原来简单。但是，要把萝卜细胞质-甘蓝型油菜不育系应用于生产，还有许多技术问题需要研究。

（3）波里马(Polima或pol)雄性不育胞质。1972年春，华中农业大学在甘蓝型油菜原始材料圃中首次发现19个天然不育株。1976年湖南省农业科学院利用这一不育材料，实现三系配套，后定名为湘矮A不育系。湖南省农业科学院和华中农业大学分别于1984年和1985年实现低芥酸三系配套。波里马不育株，虽也受温度影响，但主要受核基因控制，通过选择保持系，可获得不育性稳定的不育系。波里马不育系在20世纪80年代初被引种到澳大利亚，后又传到世界各油菜主产国，他们通过测交转育，已育成一批双低油菜不育系及其杂种。由于波里马不育胞质既可找到较好的保持系，也易找到恢复系，而且不育性也较稳定，比nap、Ogu等几种不育胞质更有实用价值。

(4) 陕2A不育胞质。1976年李殿荣在甘蓝型油菜品种间杂交组合S74-3×(丰收4号+7207)中发现不育株,经回交、选择,于1982年育成不育系陕2A及其保持系陕2B,用恢复系垦C-2配制的三系杂交种秦油2号,于1984～1986年参加陕西省油菜区域试验,比对照增产20.3%～29.4%,1986年通过国家农业部鉴定,是国内外第一个应用于大面积生产的油菜三系杂交种。

3. 细胞核雄性不育

在细胞核雄性不育中,根据其细胞核不育基因显隐性的不同,可以将其分成显性细胞核雄性不育和隐性细胞核雄性不育两类。在显性细胞核雄性不育中,根据其不育基因数目的不同分成单显性基因细胞核雄性不育和双显性基因互作(显性上位)细胞核雄性不育。在隐性细胞核雄性不育中,根据其不育基因数目的不同,可以进一步将其分成单隐性基因细胞核雄性不育、双隐性细胞核雄性不育和三隐性基因(隐性上位)细胞核雄性不育。油菜细胞核雄性不育的主要优点是其雄性不育性十分稳定,主要缺点是难以找到核不育的保持系,在杂种生产时,一般需在不育系行内拔掉约50%的可育株。

4. 自交不亲和

我国自20世纪70年代初开始甘蓝型油菜自交不亲和的育种工作,并成功地将白菜型油菜自交不亲和基因转移到甘蓝型油菜中,得到了甘蓝型油菜自交不亲和系211、271和184等(傅廷栋,1975年)。利用自交不亲和系杂种的优点是选育年限较短,无不良胞质效应,缺点主要有:一是自交不亲和特性无法从形态上加以识别,只有通过特殊的鉴定方法才能知道;二是自交不亲和系的繁殖比较困难,目前采用5%～10%的盐水花期喷雾来繁殖自交不亲和系的保持系、恢复系(傅廷栋,1981年),为自交不亲和系的繁殖及制种提出了新的途径,促进了油菜自交不亲和系杂种的研究与利用。

5. 化学杀雄

我国自20世纪70年代中、后期开始利用化学杀雄进行油菜杂种优势育种的探索,湖南大学农学院和四川大学在这方面做了大量工作,并取得了一定的进展,筛选出几个杀雄效果达80%左右的杀雄剂,如杀雄剂1号等,并选配出化学杀雄杂种蜀杂1号、涪油1号和湘杂油1号等。化学杀雄的主要优点是选配组合范围较宽,主要缺点有两个方面:一是杀雄效果不彻底,一般只有80%左右,导致杂种纯度不高;二是化学杀雄剂可能有残毒,易造成环境污染。

通过对天然杂交、细胞质雄性不育、细胞核雄性不育、自交不亲和和化学杀雄的介绍,可初步明确细胞质雄性不育是目前国内外油菜杂种优势利用的最重要的途径。

(三)杂交双低油菜的制种技术

细胞质雄性不育三系制种是我国双低油菜杂交制种的主要方式,就是用不育性稳定,经济性状优良,品质合格的不育系作母本,用恢复力和配合力强,花药发达、花粉多、吐粉畅、品质合格的恢复系作父本,按照一定的行比相间种植,使母本接受父本的花粉,受精结实,生产出杂交种子。双低油菜杂交优势是利用第一代(F_1)的优势,因此,需要每年配制杂交种。

1. 亲本繁殖

亲本繁殖的目的是生产足够数量的母本(不育系)和父本(恢复系),以备配制足够数量的杂交种子,同时要保证它们的纯度和质量,即不仅要在数量上满足生产上的需要,而且要在质量上充分发挥杂种优势的效果。

(1) 杂交油菜亲本繁殖计划。亲本繁殖是为生产杂交种提供足够的亲本种子。因此,必须根据大面积种植计划、制种数量,结合当地的生产水平,准确安排繁殖面积。

计算公式如下：

亲本繁殖面积＝下年需种数量÷(亲本计划单产×种子合格率)

杂交制种面积＝下年需种数量÷(母本计划单产×种子合格率)

(2) 亲本繁殖、制种和大田面积的计算。

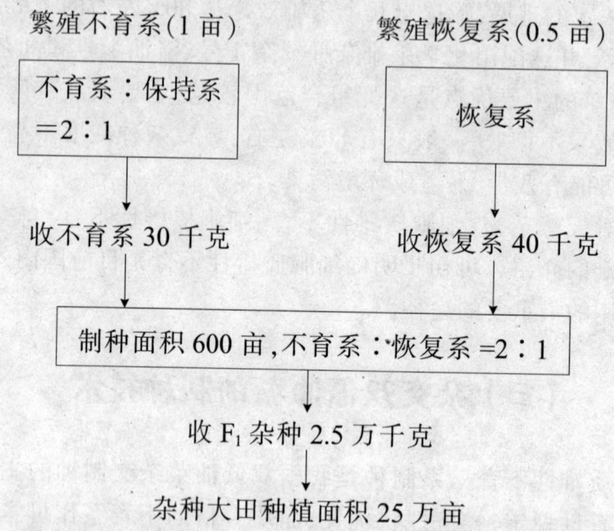

(3) 亲本保纯和鉴定。三系亲本原种由育种单位通过成对交鉴定，在网室(或温室)内分株繁殖、鉴定，合格者按株系收获，供指定单位在严格隔离条件下繁殖。

经过繁殖的亲本种子，最好能取少量种子进行试制种，其余种子在冷库中保存。试制的杂种经过鉴定合格后，第二年再将保留的亲本大量制种，年年如此，以保证质量。

2. 杂交制种技术

双低油菜具有花期长、花器外露、繁殖系数大、品质相对稳定、用种量少的特点，这是杂交双低油菜种子生产的有利条件。但是，不利条件也很多，甘蓝型油菜属常异花授粉作物，借昆虫和风力授粉极易与其他品种或十字花科作物串花，造成生物学混杂。制种产量的高低和质量的优劣，直接关系到杂交双低油菜生产的发展。因此，在杂交双低油菜制种的各技术环节,必须严格隔离和认真操作,才能确保杂种产量和质量。

(1) 制种田的选择。三系杂交油菜,杂种优势来源于特定父、母本的杂交后代,如果有父本以外的花粉参与杂交,则杂种的纯度、品质和优势程度都会受到不良影响。因此,选择安全的制种隔离区显得十分重要。所谓安全隔离,是指运用隔离措施使制种田以外非父本花粉,不能到达制种田内母本雌蕊的柱头上。隔离的方法一般采取屏障隔离、空间隔离和时间隔离,可充分利用四周环山的丘陵盆地、湖心洲、江心洲作为隔离区。在隔离区内,不得种植油菜和繁殖白菜、芥菜等十字花科蔬菜的种子。隔离区内,如出现自生油菜和其他十字花科作物,要在苗期清除干净。隔离区内,可以种植父本,但必须是当年提供制种用的父本种子,不得将上年制种区收获的父本留作种用。

制种田一般选择土壤肥沃、地势平坦、肥力均匀、排灌方便、旱涝保收且不易受到人畜损害的水田,能方便田间管理,提高制种产量。用于供制种田用的育秧苗床,可选用旱地,但必须是水源条件好,经过轮作换茬,且上年未种过油菜或十字花科蔬菜的地块,以免落入地里的种子重新发芽生长造成混杂。

(2) 杂交制种。

①适时播种。适宜的播种期既能使油菜充分利用自然界的温光资源获得高产,又能减少或避免母本微量花粉的出现而保证质量。因此,适宜的播种期一定要根据当地的温光条件、品种特性、栽培方法和生产条件综合考虑,统筹安排,达到适播、适栽、壮苗早发的目的。在冬油菜产区,冬性强的迟熟品种应适当早播,冬性弱的早、中熟品种则不宜播种过早,否则年前易出现早薹早花,越冬期遭受冻害和初花期出现微量花粉。浙江省制种的适宜播种期为 9 月下旬。

②培育壮苗。双低油菜育苗移栽,既是保证制种质量的一项重要措施,又是克服前后作季节矛盾,提高制种产量的重要途径。双低油菜育苗移栽,保质增产的关键是培育壮苗,主要有以下几点:

一是选好苗床。油菜苗床应选择在 2~3 年内没有种过油菜、排灌方便的地块。种过丨字花科作物的地块,往往混入十字花科作物的种子造成混杂,同时易感染病害,一般不宜作苗床。苗床与大田的比例为

1∶5。

二是精细整地。油菜种子细小，加上不育系种子发芽势弱，顶土能力差，苗床必须精细整地。要求土壤细碎疏松，表土平整，干湿适度，为种子发芽、根系伸展和幼苗生长创造有利条件。结合整地施足底肥，增施磷、钾肥，为一播全苗打下基础。

三是均匀播种。保证苗床植株有一定的营养面积和空间，是培育壮苗的基础，所以要均匀播种，保持合理的密度。一般每亩苗床播种量为400～450克为宜。为保证播种均匀一致，播种前应根据苗床面积分畦称好种子，再分畦均匀播种。播种方法一般为撒播，播后再用耙子拉平盖土。

四是苗床管理。苗床管理的关键是及时间苗、定苗。间苗、定苗时要求做到"五去五留"，即去弱苗留壮苗，去小苗留大苗，去杂苗留纯苗，去病苗留健苗，去密苗留匀苗。在管理上还要适时浇水，适量追肥和防治虫害。

五是喷施多效唑。在油菜生长的苗前期喷施植物生长调节剂多效唑，可有效防止"高脚苗"和缩颈延伸，增强植株抗寒能力，提高产量。使用方法：在苗床三叶期每亩叶面均匀喷施150毫克/千克浓度的多效唑溶液50千克(用15%的多效唑粉剂50克兑水50千克)。

③合理密植。在中等土壤肥力条件下，一般每亩移栽8000～10000株，父、母本的行比大致为1∶2或2∶3或2∶4。移栽时，要先栽完一亲本，再栽另一亲本，以免栽错。

④科学施肥。制种地宜选择土壤肥力中上等的田块，一般按中等油菜生产水平进行施肥，氮、磷、钾肥的施用比例为1∶0.64∶0.8。在施肥方法上，以底施为主，磷、钾肥一次性底施，氮肥按底肥占50%，苗肥占30%，薹肥占20%的比例施用。增施硼肥，每亩施用1千克，与底肥一起一次性均匀混施。为防止硼施得不匀，在薹期再喷施0.3%硼砂溶液，防止"花而不实"。

⑤加强管理。目前生产上推广应用的杂交双低油菜品种，其亲本大多具有半冬性特性，而作为冬油菜制种，表现出苗期长，花芽分化期长，花期短和成熟期短的生育特点，因此，提高制种产量的关键是加强田间

管理，就是按照其营养生长和生殖生长的规律，根据茬口、气候、土壤肥力、生产水平等因素，在生长发育过程中，不断采取科学的促、控、防措施，达到高产、优质、高效的目标。

一是查苗补苗。采取育苗移栽的制种田，往往在移栽时会遇到各种不利的天气，将会导致不同程度的死苗。因此，应于移栽活棵后，抓住气温较高的有利时机，进行查苗补缺，确保全苗。

二是抗旱排渍。杂交双低油菜苗期营养生长旺盛，必须有充足的水分才能满足其生长需要，秋冬季节，经常出现干旱，土壤含水量降低，应做到有旱必抗。遇到烂冬年份，连续阴雨，土壤水分过多，土壤中氧气少，油菜根系生长受阻，老根变黑，新根不发，往往出现僵苗或烂根死苗。因此，排水除渍同灌水抗旱一样，是苗期管理的重要内容。

三是中耕除草。中耕能疏松土壤，增强土壤通气透水性能，提高土壤地表温度，有利于微生物活动，加速肥料分解，改善土壤的水、肥、气、热状况，促进油菜根系和地上部分生长；同时，还能起到消灭杂草的作用，特别是稻茬田块，土壤易出现板结，土块大，杂草多，应及时中耕破除板结，消灭杂草。

四是精管生长弱的亲本。很多组合的父、母本生长强弱不同，若不加强管理，促使父、母本生长平衡，就会降低制种产量。在管理措施上，可视苗情追施氮肥，或根外喷施 920 等植物生长调节剂促进生长。

⑥防治病虫。制种田的主要虫害是蚜虫和菜青虫。蚜虫的防治，重点掌握在秋季苗期用药，其防治指标为：当苗期有蚜率达 10%，虫口密度 1～2 头 / 株；抽薹开花期有 10%的茎枝或花序有蚜虫，虫口密度 3～5 头/株时，一般用 10%吡虫啉可湿性粉剂 1000 倍，或 10%一遍净2000～3000倍，或 10%大功臣 2000～3000 倍，或 10%蚜虱净 2000～3000倍，或 20%康福多 6000～8000 倍，或 48%乐斯本每亩 50～70 毫升，兑水 50 千克防治。防治次数视使用农药种类和蚜虫危害程度而定。油菜菜青虫可用 2.5%功夫乳油 2500 倍液或 10%高效氯氰菊酯 2000 倍液喷雾防治。病害主要是菌核病，每亩用 40%菌核净可湿性粉剂 100～150 克，或 70%托布津可湿性粉剂 100 克，或 50%速克灵（腐霉利）50 克，于盛花、终花期喷雾防治。

3. 提高制种产量和保证种子质量的措施

（1）打顶保纯。目前应用于生产的杂交双低油菜亲本种子，雄性不育系因花药发育时期遇到不适气温，在初花期易出现微量花粉，集中表现在主花序上早开的1～10朵花蕾上，持续时间5～7天，影响制种质量，可采取摘打主花序的方法达到保证质量的目的。具体田间操作是当主花序花蕾明显抽出，且便于摘打时进行，一般在初花前5～7天摘打比较合理，如果父、母本花期相同，母本打薹，父本也要打薹，确保花期相遇。

（2）调整花期。杂交双低油菜的父、母本花期往往不相同，父本往往开花较早，终花也早，如不采取措施，父、母本花期不相遇，将大大影响制种产量。为保证后期能满足母本对花粉的要求，可在隔株(或隔行摘除父本主茎蕾薹，以延长父本开花时间，保证母本对花粉的需要。个别杂交组合，母本花期早，要将母本主茎蕾薹打掉，延迟开花期，以达到父、母本花期相遇的目的。

（3）去杂除劣。由于油菜是虫传花，也是风传花，花龄长，花器露，极易串花，亲本纯度不易保证，因此，去杂除劣工作必须贯穿于杂交双低油菜制种全生育过程。所谓杂株是指异品种株、优势株和变异株；所谓劣株是指长势较差、植株畸形、病虫危害的植株。在苗期和蕾薹期，可根据亲本品种的特征将杂株、劣株除去。苗期、蕾薹期除杂要反复进行多次。在花期去杂力求彻底，从初花开始，对母本行内具有正常花粉和微量花粉(半不育)以及优势强(长相高大、分枝多、株形松散)的植株彻底拔除干净；对父本行内的异品种、变异株(花瓣小、半不育、下生分枝、长相高大)也要除去。在成熟期，于收割前对母本行的植株全面清理一次，对结角不正常(萝卜角)、分枝特多的种间杂种株也要拔除。

（4）辅助授粉。当完成去杂工作后，盛花期可采取人工辅助授粉和蜜蜂传粉的方法，以提高授粉效果，增加制种产量。人工辅助授粉可在晴天上午10时至下午2时进行，用机动喷雾器吹风或用绳子、竹竿平行行向在田间来回拉(拨)动，达到赶粉授粉目的。在隔离条件好、隔离区面积大的地方，可采用蜜蜂辅助授粉，每15～20亩制种田放蜂2箱。

（5）分收细打。油菜的成熟，通常分为绿熟、黄熟和完熟 3 个时期，制种田要适时收获，在油菜黄熟时期，即全田有 75%～80%角果黄熟收获，产量高。对保留父本的田块，可先收父本，即在绿熟后期收割，父本收获后还要对父本行进行 1～2 次清理检查，确认无漏株、漏枝后再收母本。母本收割时要轻割轻收，避免裂荚落粒损失。父、母本收获后要做到分场堆放，分场脱粒，单晒、单藏，并在包装袋内、外都要加附种子名称标签，待质检人员抽检，确认合格后才能用于生产。

主要参考文献

[1] 中国农业科学院油料作物研究所.中国油菜栽培学.北京:农业出版社,1990,12.

[2] 王炳炎,黄道聪,周伦绍.油菜.杭州:浙江科学技术出版社,1983,12.

[3] 全国农技推广总站.单双低油菜推广与利用.北京:学术期刊出版社,1989,5.

[4] 陈曼玲.油料和豆类作物.杭州:浙江科学技术出版社,1990,11.

[5] 栗铁申.油菜优质高产栽培技术.北京:科学技术文献出版社,1992,9.

[6] 伍昌胜.优质杂交油菜.武汉:湖北科学技术出版社,1995,7.

[7] 张冬青.双低油菜.北京:中国农业科学技术出版社,2004,2.